刘薰宇给孩子讲数学

马先生谈算学

刘薰宇◎著

浙江人民出版社

图书在版编目（CIP）数据

刘薰宇给孩子讲数学．马先生谈算学 / 刘薰宇著．
— 杭州：浙江人民出版社，2022.2
ISBN 978-7-213-10030-7

Ⅰ.①刘… Ⅱ.①刘… Ⅲ.①数学-青少年读物
Ⅳ.①O1-49

中国版本图书馆 CIP 数据核字（2020）第 271150 号

刘薰宇给孩子讲数学　马先生谈算学

刘薰宇　著

出版发行：浙江人民出版社（杭州市体育场路 347 号　邮编：310006）
　　　　　市场部电话：（0571）85061682　85176516
责任编辑：王　燕　王月梅
营销编辑：陈雯怡　赵　娜　陈芊如
责任校对：何培玉
责任印务：刘彭年
封面设计：异一设计
电脑制版：济南唐尧文化传播有限公司
印　　刷：杭州丰源印刷有限公司
开　　本：710 毫米×1000 毫米　1/16　　印　　张：16
字　　数：210 千字　　插　　页：1
版　　次：2022 年 2 月第 1 版　　印　　次：2022 年 2 月第 1 次印刷
书　　号：ISBN 978-7-213-10030-7
定　　价：56.00 元

如发现印装质量问题，影响阅读，请与市场部联系调换。

前　言

这书居然写成并出版了，我感到莫大的欣幸！

开始写它，远在一九三六年的冬季．从一九三七年一月起，陆续按月在《中学生》发表，中间只因为个人的私事，断过一二期．原来的计划，内容比较简略些，预定一九三七年，在《中学生》上登载完毕．

呵！于个人，于中国，都不能忘掉的这一九三七年！五月底六月初，妻突然患病，终日要人伴着．我于是充当她的看护，同时兼做三个孩子的保姆．七月初她渐渐地好起来了，肩头上的担子，也觉得轻了一些．然而，抗日战争的第一炮，七月七日，在卢沟桥的天空响了起来．跟着，上海的空气，一天比一天紧张．一面，我察觉到抗日战争快要展开了，而一经展开，期限一定较长．另一面，妻的病虽渐好，要彻底治疗，唯有回到故乡．她和我离开故乡，都有二十多年，乡思，多少也是病源之一．在这种情况下，我决定伴着她和我们的三个孩子，离开居住了十多年的上海，回到相别二十多年的故乡——贵阳．

八月十日，在十分紧张的空气中，我们上了直奔重庆的船．后来，才知道，它是载客离上海的最后一艘．从上海到重庆船要行十多天，原来还想在船上断续写这书．但一上船，就知道不行了．乘客虽不拥挤，然而要找一张台子写什么，却不可能．到汉口，“八一三”淞沪会战的消息，已传到船上．——好！这是中国唯一的出路！然而战争总是战争，每天都只有注意无线电传来的消息．

到了重庆，因为交通的阻碍，一时不能去贵阳，坐在旅馆中，也曾提笔续写过．但一想到《中学生》必然停刊，出版界必然遭受沉重的打击，就把笔放下．

回到贵阳后，一直不曾想到将它完成．直到一九三八年的冬季，正是武汉陷落的时期，丏尊兄写信给我，要我将它写完，说开明可以勉力出版．这自然使我很兴奋，但这时我正准备到昆明，只好暂时放下．

到昆明住定以后，想动笔，却无从下手了．已发表过的稿子，我没有保存，它的内容已有些模糊．这一来，才写信给丏尊兄，请他设法寄一份《中学生》发刊过的稿子来．约定稿子一到就动手．稿子寄出的回信，虽不久就收到，而稿子到我的手里，却已经是一九三九年的夏季，距暑假已很近了．——决定在暑假中完成它．

暑假，回到贵阳，长长的三个月的时间，竟没有写一个字．原来，妻和孩子们，在一九三八年九月二十五日敌机袭击贵阳后，已移往乡下．这时，家人八口，只住两小间平房．挤，固不必说；蚊虫、跳蚤，使你不能静坐到十分钟．

秋后又到昆明．昆明，很好，天气就很好．然而天天想着动手，天天都只是想着而已．在这期间，曾听到有的《中学生》读者，到开明分店来问，《马先生谈算学》出版了没有？有一次，分店的同人，还指着我向顾客说："这就是马先生．"惹得哄堂大笑．从此，我感到已负了一笔债，非赶快偿还不可．

寒假开始，便下最大的决心，动起笔来．现在算是完成了，然而它能够这样完成，使我对于开明昆明分店的同人，非常感激！

第一，在这期间，昆明的米价、菜价，一切物价，都涨得惊人，不但涨，有时还买不到．寄食于分店的我，居然不分心在柴米上，坐食现成，于这稿子的完成关系实在不小．

第二，从去年十二月以来，昆明警报频繁，有十几次，都是写着写着，警报一响，便收在篮里，提着跑到荒野．提着，提着！不是我自己提，我自己一个笨重的身体，空着手走，已有点儿吃力了，还提什么？

提，都是分店的吕元章、韦芝堃和杨炳炎三个人帮忙！虽然，事后想起来，这是徒劳，但他们的辛苦，我总觉得极可感谢！

这样小小的一点儿东西，经过三年多，而且有过不少的波折，今天居然完成了，我感到莫大的欣幸！

关于它的内容，我还想向读者很虔诚地说几句话.

它有些像什么难题详解一类，然而对于这一类的书我一向是反对的.这里面，固然收集了一百几十个题目加以解释，但我并不希望，有人单是为了找寻某一个题的算法来翻阅它．这也许会令人失望.

我写这书的动机，是在增进学算学的人对于算学的趣味．对于学习算学的态度、思索问题的途径，以及探究题目间的关系和变化，我很用心地去选择和计划表出它们的方法．我希望，能够把这没有生命的算学问题注进一点儿活力.

用图解法直接来解决算术问题，这不但便于观察和思索，还可使算术更贴近实际．图解，本来已沟通了代数和几何，成为解析算学的骨干.所以若从算术起，就充分地运用它，我想，这不但对于进修算学中的其他部门有着不少的帮助，而且对于学习理工科，乃至于统计等，也是有益的.

我对于算学的态度，已散见于这书中，一面我认为人人应学，然而不是说人人都要做算学专家．一面我认为人人都能学，然而不是说人人都能成算学专家.

科学！科学！现在似乎已没一个知识分子不承认它的价值和需要了.然而对于科学，中等程度的算术、代数、几何、三角、解析几何以及初等微积分，实在是必不可少的基础．谨以此书献给真实爱好科学的青年朋友.

一九四〇年二月十九日于昆明万松草堂后院

目录

CONCENTS

1 他是这样开场的

学年成绩公布不久的一个下午，初中二年级的两个学生李大成和王有道在教员休息室的门口站着谈话.

李："真危险，这次的算学平均只有59.5分，要不是四舍五入，就不及格，又得补考. 你的算学真好，总有九十几分一百分."

王："我的地理不及格，下学期一开学就得补考，这个暑假玩也玩不痛快了."

李："地理！很容易！"

王："你自然觉得容易呀，我真不行，看起地理来，总觉得死板板的，一点儿趣味没有，无论勉强看了多少次，总是记不完全."

李："你的悟性好，所以记忆力不行，我死记东西倒还容易，要想解算学题，那真难极了，简直不知道从哪里想起."

王："所以，我主张文科和理科一定要分开，喜欢哪一科就专弄那一科，既能专心，也免得白费力气去弄些毫无趣味、不相干的东西."

李大成虽没有回答，但好像默认了这个意见．坐在教员休息室里懒洋洋地看着报纸的算学教师马先生，已听见了他们谈话的内容．他们在班上都算是用功的，马先生对他们也有相当的好感．因此，想对他们的意见加以纠正，便叫他们到休息室里，带着微笑问李大成：“你对于王有道的主张有什么意见?”

由于马先生这一问，李大成直觉地感到马先生一定不赞同王有道的意见，但他并没有领会到什么理由，因而踌躇了一阵回答道：“我觉得这样更便当些．”

马先生微微摇了摇头，表示不同意：“便当？也许你们这时年轻，在学校里的时候觉得便当，要是照你们的意见去做，将来就会感到大大地不便当了．你们要知道，初中的课程这样规定，是经过了若干年的经验和若干专家的研究的．各科所教的都是做一个现代人不可缺少的常识，不但是人人必需，也是人人能领受的……”

虽然李大成和王有道平日对于马先生的学识和耐心教导很是敬仰，但对于这“人人必需”和“人人能领受”却很怀疑．不过两人的怀疑略有不同，王有道认为地理就不是人人必需的，而李大成却认为算学不是人人能领受的．当他们听了马先生的话后，各自的脸上都露出了不以为然的神气．

马先生接着对他们说：“我知道你们不会相信我的话．王有道，是不是？你一定以为地理就不是必需的．”

王有道望一望马先生，不回答．

“但是你只要问李大成，他就不这么想．照你对于地理的看法，李大成就可说算学不是必需的．你试说说为什么人人必须学算学．”

王有道不假思索地回答：“一来我们日常生活离不开数量的计算；二来它可以训练我们，使我们变得更聪明．”

马先生点头微笑说：“这话有一半对，也有一半不对．第一点，你说因为日常生活离不开数量的计算，所以算学是必需的．这话自然很对，但看法也有深浅不同．从深处说，恐怕不但是对于算学没有兴趣的人不肯承认，就是你在你这个程度也不能完全认识，我们姑且丢开．就浅处说，自然买油、买米都用得到它，不过中国人靠一个算盘，懂得‘小九九’，就活了几千年，何必要学代数呢？平日买油、买米哪里用得到解方程式？我承认你的话是对的，不过同样的看法，地理也是人人必需的．从深处说，我们姑且也丢开，就只从浅处说．你总承认做现代的人，每天都要读新闻，倘若你没有充足的地理知识，你读了新闻，能够真懂得吗？阿比西尼亚在什么地方？为什么意大利一定要征服它？为什么意大利起初打阿比西尼亚的时候，许多国家要对它施以经济制裁，到它居然征服了阿比西尼亚的时候，大家又把制裁取消？再说，对于中国的处境，你们平日都很关切，但是所谓国难的构成，地理的关系也不少，所以真要深切地认识中国处境的危迫，没有地理知识是不行的．

“至于第二点，‘算学可以训练我们，使我们变得更聪明’，这话只有前一半是对的，后一半却是一种误解．所谓训练我们，只是使我们养成一些做学问和事业的良好习惯，如注意力要集中，要始终如一，要不苟且，要有耐性，要有秩序，等等．这些习惯，本来人人都可以养成，不过需要有训练的机会，学算学就是把这种机会给了我们．但切不可误解了，以为只是学算学有这样的机会．学地理又何尝没有这样的机会呢？各种科学都是建立在科学方法上的，只有探索的对象不同．算学是科学，地理也是科学，只要把它当成一件事做，认认真真地学习，上面所说的各种习惯都可以养成．只是说到使人变得聪明，一般人确实有这样的误解，以为只有学算学能够做到．其实，学算学也不能够使人变得聪明．一个人初学算学的时候，思索一个题目的解法非常困难，学得越多，思索起来越容易，这固然是事实，一般人便以为这是更聪明了，这只是表面的看法，不过是逐渐熟练的结果，并不是什么聪明．学地理的人，看地图和描地图的次数多了，提起笔来画一个中国地图的轮廓，形状大致可观，这不是初学地理的人能够做到的，也不是什么变得更聪明了.”

“你们总承认在初中也闹什么文理分科是不妥当的吧!”马先生用这话来作结束.

对于这些议论王有道和李大成虽然不表示反对，但只认为是马先生鼓励他们对于各科都要用功的话. 因为他们觉得有些科目性质不相近，无法领受，与其白费力气，不如索性不学. 尤其是李大成认为算学实在不是人人所能领受的，于是他向马先生提出这样的质问:“算学，我也知道人人必需，只是性质不相近，一个题目往往一两个小时做不出来，所以觉得还是把时间留给别的书好些.”

“这自然是如此，与其费了时间，毫无所得，不如做点儿别的. 王有道看地理的时候，他一定觉得毫无兴味，看一两遍，时间费去了，仍然记不住，倒不如多演算两个题目. 但这都是偏见，学起来没有趣味，以及得不出什么结果，你们应当想，这不一定是科目的关系. 至于性质不相近，不过是一种无可奈何的说明，人的脑细胞并没有分成学算学和学地理两种. 据我看来，学起来不感兴趣，便常常不去亲近它，因此越来越觉得和它不能相近. 至于学着不感兴趣，大概是不得其门而入的缘故，这是学习方法的问题. 比如就地理来说，现在是交通极发达、整个世界息息相通的时代，用新闻来作引导，我想，学起来不但津津有味，也更容易记住了. 日本和苏俄以及中国和蒙古不是常常闹边界冲突吗?把地图、地理教科书和这新闻对照起来读，就活泼有生趣了. 又如，中国参加世界运动会的选手的行程，不是从上海出发起，每到一处都有电报和通信来吗?若是一面读这种电报，一面用地图和地理教科书作参证，那么从中国到德国的这条路线，你就可以完全明了而且容易记牢了. 用现时发生的事件来作线索去读地理，我想这正和读《西游记》一样. 你读《西游记》不会觉得干燥、无趣，读了以后，就知道从中国到印度在唐朝时要经过什么地方.——这只是举例的说法.——《西游记》中有唐三藏、孙悟空、猪八戒，中国参加世运团中有院长、铁牛、

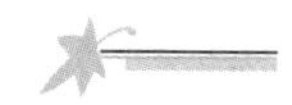

美人鱼，他们的行程记不正是一部最新改良特别版的《西游记》吗？‘随处留心皆学问’，这句话用到这里，再确切不过了．总之，读书不要太受教科书的束缚，那就不会干燥无味，才可以得到鲜活的知识．”

王有道听了这话，脸上露出心领神会的气色，快活地问道：“那么，学校里教地理为什么要用一本死板的教科书呢？若是每次用一段新闻来讲不是更好吗？”

“这是理想的办法，但事实上有许多困难．地理也是一门科学，它有它的体系，新闻所记录的事件，并不是按照这体系发生的，所以不能用它作材料来教授．一切课程都是如此，教科书是有体系的基本知识，是经过提炼和组织的，所以是死板的，和字典、辞书一样．求活知识要以当前所遇见的事象作线索，而用教科书作参证．”

李大成原是对地理有兴趣而且成绩很好，听到马先生这番议论，不觉心花怒放，但同时却起了一个疑问．他感到困难的算学，照马先生的说法，自然是人人必需，无可否认的了，但怎样才是人人能领受的呢？怎样可以用活的事象作线索去学习呢？难道碰见一个龟鹤算的题目，硬要去捉些乌龟、白鹤摆来看吗？并且这样的傻事，他也曾经做过，但是一无所得．他计算“大小二数的和是三十，差是四，求二数”这个题目的时候，曾经用三十个铜板放在桌上来试验．先将四个铜板放在左手里，然后两手同时从桌上把剩下的铜板一个一个地拿到手里．到拿完时，左手是十七个，右手是十三个，因而他知道大数是十七，小数是十三．但他不能从这试验中写出算式 $(30-4)\div 2=13$ 和 $13+4=17$ 来．他不知道这位被同学们称为“马浪荡”，并且颇受尊敬的马先生对于学习地理的意见是非常好的，他正教着他们代数，为什么没有同样的方法指导他们呢？

于是，他向马先生提出了这个质问：“地理，这样学习，自然人人可以领受了，难道算学也可以这样学吗？”

“可以，可以！”马先生毫不踌躇地回答，“不过内在相同，情形各异罢了．我最近正在思索这种方法，已经略有所得．好！就让我来把你们作第一次试验吧！今天我们谈话的时间很久了，好在你们和我一样，暑假中都不到什么地方去，以后我们每天来谈一次．我觉得学算学需弄清楚算术，所以我现在注意的全是学习解算术问题的方法．算术的根底打得好，对于算学自然有兴趣，进一步去学代数、几何也就不难了．”

从这次谈话的第二天起，王有道和李大成还约了几个同学每天来听马先生讲课．以下便是李大成的笔记，经过他和王有道的斟酌而修正过的．

2

怎样具体地表出数量以及两个数量间的关系

学习一种东西，首先要端正学习态度．现在一般人学习，只是用耳朵听先生讲，把讲的牢牢记住．用眼睛看先生写，用手照抄下来，也牢牢记住．这正如拿着口袋到米店去买米，付了钱，让别人将米倒在口袋里，自己背回家就完事大吉一样．把一口袋米放在家里，肚子就不会饿了吗？买米的目的，是把它做成饭，吃到肚里，将饭消化了，吸收生理上所需要的，将不需要的污秽排泄．所以饭得自己煮，自己吃，自己消化，养料得自己吸收，污秽得自己排．就算饭是买的，是别人喂到嘴里去的，但进嘴以后的一切工作只有靠自己了．学校的先生所能给予学生的只是生米和煮饭的方法，最多是饭，喂到嘴里的事就要靠学生自己了．所以学习是要把先生所给的米变成饭，自己嚼，自己消化，自己吸收，自己排泄．教科书要成一本教科书，有必不可少的材料，先生给学生讲课也有少不来的话，正如米要成米有必不可少的成分一样，但对于学生不是全有用场，所以读书有些是用不到记的，正如吃饭有些要排出来一样．

上面说的是学习态度的基本——自己消化、吸收、排泄．怎样消化、吸收、排泄呢？“学习”和“研究”这两个词，大多数人都在乱用．读一篇小说，就是在研究文学，这是错的．不过学习和研究的态度应当一样．研究应当依照科学方法，学习也应当依照科学方法．所谓科学方法，就是从观察和实验收集材料，加以分析、综合整理．学习也应当如此．要明了“的”字的用法，必须先留心各式各样含有“的”字的句子，然后比较、分析……

算学，就初等范围内说，离不开数和量，而数和量都是抽象的，两条板凳和三支笔是具体的，“两条”“三支”以及“两”和“三”全是抽象的．抽象的，按理说是无法观察和实验的．然而为了学习，我们无妨开一个方便法门，将它具体化．昨天我四岁的小女儿跑来向我要五个铜板，我忽然想到测试她认识数量的能力，先只给她三个．她说只有三个，我便问她还差几个．于是她把左手的五指伸出来，右手将左手的中指、无名指和小指捏住，看了看，说差两个．这就是数量的具体表出的方便法门．这方便法门，不仅是小孩子学习算学的基础，也是人类建立全部算学的基础，我们所用的不是十进数吗？

用指头代替铜板，当然也可以用指头代替人、马、牛，然而指头只有十个，而且分属于两只手，所以第一步就由用两只手进化到用一只手，将指头屈伸着或做种种形象以表示数．不过数大了仍旧不便．好在人是吃饭的动物，这点聪明还有，于是进化到用笔涂点子来代替手指，到这一步自然能表出的数更多了．不过点子太多也难一目了然，而且在表示数和数的关系时更不便当．因为这样，有必要将它改良．

既然可以用点来作具体表出数的方便法门，当然也可以用线段来代替点．严格地说，画在纸上，点和线段其实是一样的．用线段来表示数量，第一步很容易想到这两种形式：一，＝，≡，…和|，‖，‖|，…这和点一样不便当，应该再加以改良．第二步，何妨将这些线段连结成为

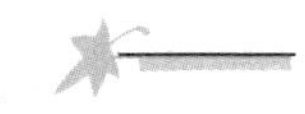

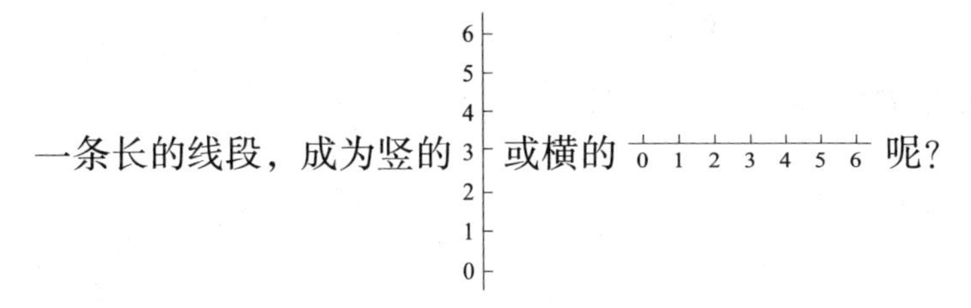

一条长的线段，成为竖的或横的呢？

本来用多长的线段表出1，这是个人的绝对自由，任何法律也无法干涉．所以只要在纸上画一条长线段，再在这线段上随便作一点算是起点0，再从这起点0起，依次取等长的线段便得1，2，3，4，….

这是数量的具体表出的方便法门．

有了这方便法门，算学上的四个基本法则，都可以用画图来计算了．

（1）加法——这用不着说明，如图1，便是$5+3=8$.

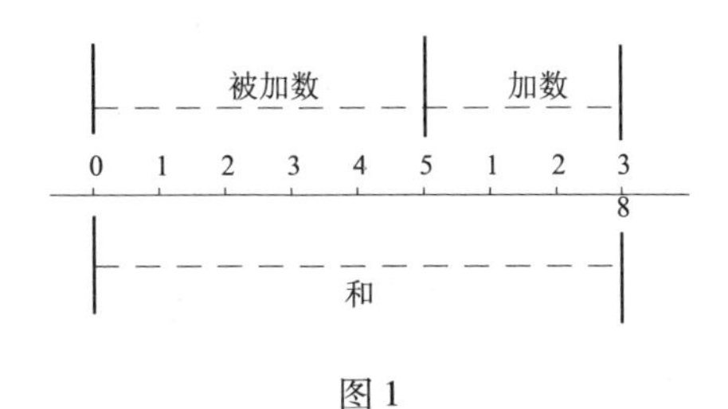

图1

（2）减法——只要把减数反向画就行了，如图2，便是$8-3=5$.

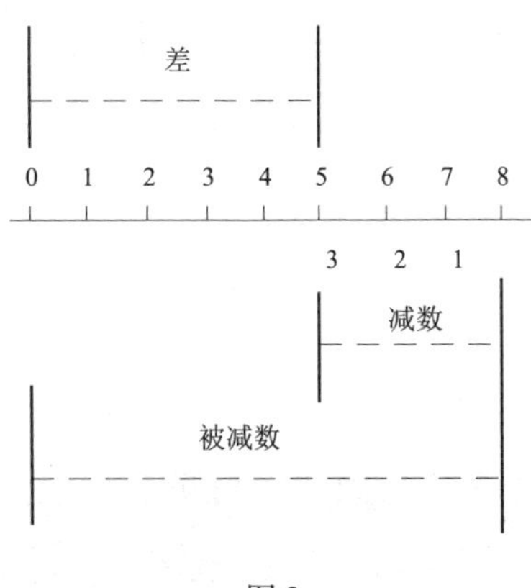

图2

（3）乘法——本来就是加法的简便方法，所以和加法的画法相似，只需所取被乘数的段数和乘数的相同．不过有小数时，需参照除法的画法才能将小数部分画出来．如图3，便是 $5\times3=15$.

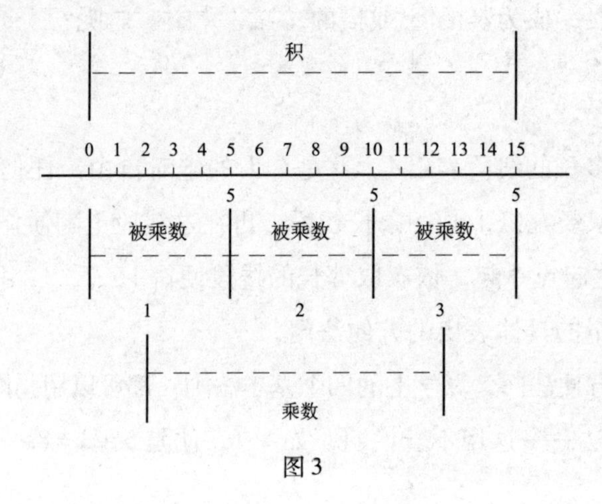

图3

（4）除法——这要用到几何画法中的等分线段的方法．如图4，便是 $15\div3=5$.

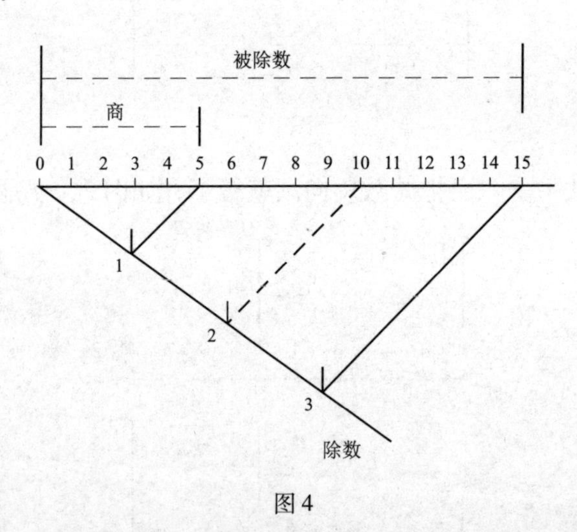

图4

图中表示除数的线是任意画的，画好以后，便从0起在上面取等长的任意三段 *01*、*12*、*23*，再将3和15连起来，过1画一条线和它平行，这线正好通过5，5就是商数．图中的虚线 *210* 是为了看起来更清爽画的，实际上却没有必要．

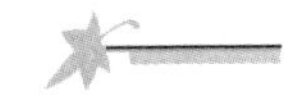

懂得四则运算的基础画法了吗？现在进一步再来看两个数的几种关系的具体表出法．

两个不同的数量，当然，若是同时画在一条线段上，是要弄得眉目不清的．假如这两个数量根本没有什么瓜葛，那就自立门户，各占一条路线好了．若是它们多少有些牵连，要同居分炊，怎样呢？正如学地理的时候，我们要明白地懂得一个城市是在地球上什么地方，得知道它的经度和纬度一样，这两条线一是南北向，一是东西向，自不相同．但若将这城市所在的地方的经度画一张图，纬度又另画一张画，那还成什么体统呢？画地球是经、纬度并在一张，表示两个不同而有关联的数．现在正可借用这个办法，好在它不曾注册过，不许冒用．

用两条十字交叉的线，每条表示一个数量，那交点就算是共通的起点0，这样来源相同、趋向各别的法门，倒也是一件好玩的勾当．

（1）差一定的两个数量的表出法．

例一　兄年十三岁，弟年十岁，兄比弟大几岁？

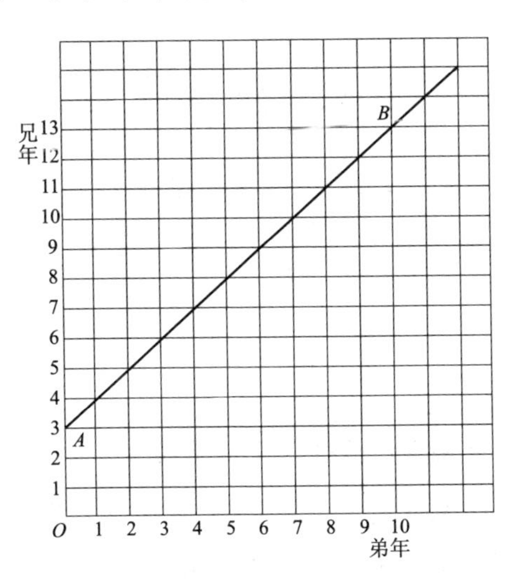

图5

用横的线段表示弟的年岁，竖的线段表示兄的年岁，他俩差3岁，就是说兄3岁的时候弟才出生，因而得A. 但兄13岁的时候弟是10岁，所以竖的第十条线和横的第十三条是相交的，因而得 B. 由图上的各点横竖一看，便可知道：

①兄年几岁（例如 5 岁）时，弟年若干岁（2 岁）.

②兄、弟年纪的差总是 3 岁.

③兄年 6 岁时，是弟弟的两倍.

……

（2）和一定的两个数量的表出法.

例二　张老大、宋阿二分十五块钱，张老大得九块，宋阿二得几块？

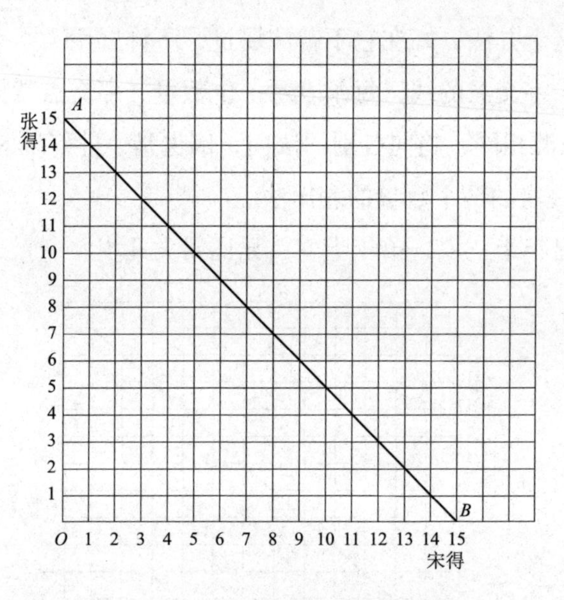

图 6

用横的线段表示宋阿二得的，竖的线段表示张老大得的. 张老大全部拿了去，宋阿二便两手空空，因得 A 点. 反过来，宋阿二全部拿了去，张老大便两手空空，因得 B 点. 由这线上的各点横竖一看，便知道：

①张老大得 9 块的时候，宋阿二得 6 块.

②张老大得 3 块的时候，宋阿二得 12 块.

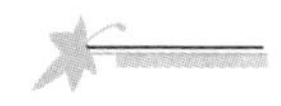

……

(3) 一数量是另一数量的一定倍数的表出法.

例三 一个小孩子每小时走二里路，三小时走多少里?

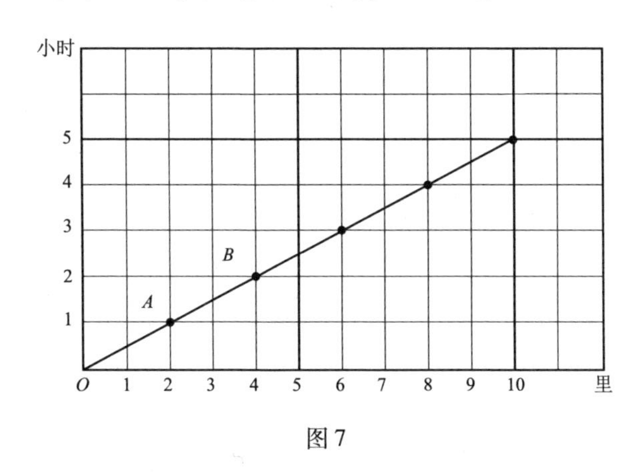

图7

用横的线段表示里数，竖的线段表示时数. 第一小时走了2里，因而得A点. 2小时走了4里，因得B点. 由这线上的各点横竖一看，便可知道:

①3小时走了6里.

②4小时走了8里.

……

3

解答如何产生——交差原理

“昨天讲的最后三个例子，你们总没有忘掉吧！——若是这样健忘，那就连吃饭、走路都学不会了．”马先生一走进门，还没立定，笑嘻嘻地这样开场．大家自然只是报以微笑．马先生于是口若悬河地开始这一课的讲演．

昨天的最后三个例子，图上都是一条直线，各条直线都表出了两个量所保有的一定关系．从直线上的任意一点，往横看又往下看，马上就知道了，合于某种条件的甲量在不同的时间，乙量是怎样．如图 7，合于每小时走 2 里这条件，4 小时便走了 8 里，5 小时便走了 10 里．

这种图，对于我们当然很有用．比如说，你有个弟弟，每小时可走 6 里路，他离开你出门去了．你若照样画一张图，他离开你后，你坐在屋里，只要看看表，他走了多久，再看看图，就可以知道他离你有多远了．倘若你还清楚这条路沿途的地名，你当然可以知道他已到了什么地方，还要多长时间才能到达目的地．倘若他走后，你突然想起什么事，需得关照他，正好有长途电话可用，只要沿途有地点可以和他通电话，你岂不是很容易找到打电话的

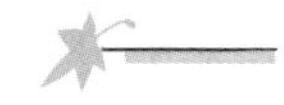

时间和通话的地点吗？

这是一件很巧妙的事，已落了中国旧小说无巧不成书的老套．古往今来，有几个人碰巧会遇见这样的事？这有什么用场呢？你也许要这样找碴儿．然而这只是一个用来打比方的例子，照这样推想，我们一定能够绘制出一幅地球和月亮运行的图吧．从这上面，岂不是在屋里就可以看出任何时候地球和月亮的相互位置吗？这岂不是有了孟子所说的“天之高也，星辰之远也，苟求其故，千岁之日至，可坐而致也”那副神气吗？算学的野心，就是想把宇宙间的一切法则，统括在几个式子或几张图上．——这就是它最高明的用处．

按现在说，这似乎是犯了夸大狂的说法，姑且丢开，转到本题．算术上计算一道题，除了混合比例那一类以外，总只有一个解答，这解答靠昨天所讲过的那种图，可以得出来吗？

当然可以，我们不是能够由图 6 看出来，张老大得 9 块钱的时候，宋阿二得的是 6 块钱吗？

不过，这种办法对于这样简单的题目虽是可以得出来，遇见较复杂的题目，就很不便当了．比如，将题目改成这样：

张老大、宋阿二分十五块钱，怎样分法，张老大比宋阿二多得三块？

当然我们可以这样老老实实地去把解法找出来：张老大拿 15 块的时候，宋阿二 1 块都拿不到，相差的是 15 块．张老大拿 14 块的时候，宋阿二可得 1 块，相差的是 13 块……这样一直看到张老大拿 9 块，宋阿二得 6 块，相差正好是 3 块，这便是答案．

这样的做法，就是对于这个很简单的题目，也需做 6 次，才能得出答案．较复杂的题目，或是题上数目较大的，那就不胜其烦了．

而且，这样的做法，实在和买彩票差不多．从张老大拿 15 块，宋阿二得不着，相差 15 块，不对题；马上就跳到张老大拿 14 块，宋阿二得 1 块，相差 13 块，实在太胆大．为什么不看一看，张老大拿 14 块 9 角、14

块8角……乃至于14块9角9分999……的时候怎样呢？

喔！若是这样，那还了得！从15到9中间有无限的数，要依次看去，人寿几何？而且比15稍稍小一点儿的数，谁看见过它的面孔是圆的还是方的？

笨办法就不是办法！人是有理性的动物，变戏法要变得省力气、有把握，才会得到看客的赞赏呀！你们读过《伊索寓言》吧？里面不是说人学的猪叫比真的猪叫，更叫人满意吗？

所以算术上的解法必须更巧妙一些．

这样，就来讲交差原理．

照昨天的说法，我们无妨假设，两个量间有一定的关系，可以用一条线表示出来．——这里说假设，是虚心的说法，因为我们只讲过三个例子，不便就冒冒失失地概括一切．其实，两个量的关系，用图线（不一定是直线）表示，只要这两个量是实量，总是可能的．——那么像刚刚举的这个例题，即包含两种关系：第一，两个人所得的钱的总和是15块；第二，两个人所得的钱的差是3块．当然每种关系都可画一条线来表示．

所谓一条线表示两个数量的一种关系，精确地说，就是无论从那条线上的哪一点，横看和竖看所得的两个数量都有同一的关系．

假如，表示两个数量的两种关系的两条直线是交叉的，那么，相交的地方当然是一个点，这个点便是一子双挑了，它继承这一房的产业，同时也继承另一房的产业．所以，由这一点横看竖看所得出的两个数量，既保有第一条线所表示的关系，同时也就保有第二条线所表示的关系．换句话说，便是这两个数量同时具有题上的两个关系．

这样的两个数量，不用说，当然是题上所要的答案．

试将前面的例题画出图来看，那就非常明了了．

第一个条件，“张老大、宋阿二分十五块钱”，这是两人所得的钱的和一定，用线表出来，便是 AB.

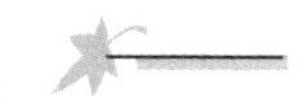

第二个条件，“张老大比宋阿二多得三块钱”，这是两人所得的钱的差一定，用线表出来，便是 CD.

AB 和 CD 相交于 E，就是 E 点既在 AB 上，同时也在 CD 上，所以两条线所表示的条件，它都包含.

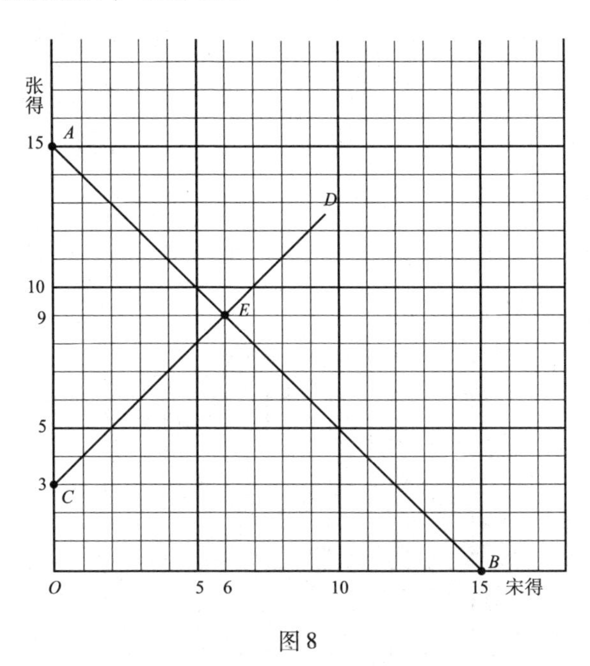

图 8

由 E 横看过去，张老大得的是 9 块钱；竖看下来，宋阿二得的是 6 块钱.

正好，9 块加 6 块等于 15 块，就是 AB 线所表示的关系.

而 9 块比 6 块多 3 块，就是 CD 线所表示的关系.

E 点正是本题的解答.

“两线的交点同时包含着两线所表示的关系.”这就是交差原理.

顺便就这原理再补充几句.

两线不止一个交点怎么办?

那就是这题不止一个答案. 不过，此话是后话，暂且不表出，以后连续的若干次讲演中都不会遇见这种情形.

两线没有交点怎样？

那就是这题没有解答．

没有解答还成题吗？

不客气地说，你就可以说这题不通；客气一点儿，你就说，这题不可能．所谓不可能，就是照题上所给的条件，它所求的答案是不存在的．

比如，前面的例题，第二个条件，换成“张老大比宋阿二多得十六块钱”，画出图来，如图 9，两直线便没有交点．事实上，这非常清晰，两个人分 15 块钱，无论怎样，不会有一个人比别一个人多得 16 块的．只有两人暂时将它放着生利息，连本带利到了 16 块以上再来分，然而，这已超出题目的范围了．

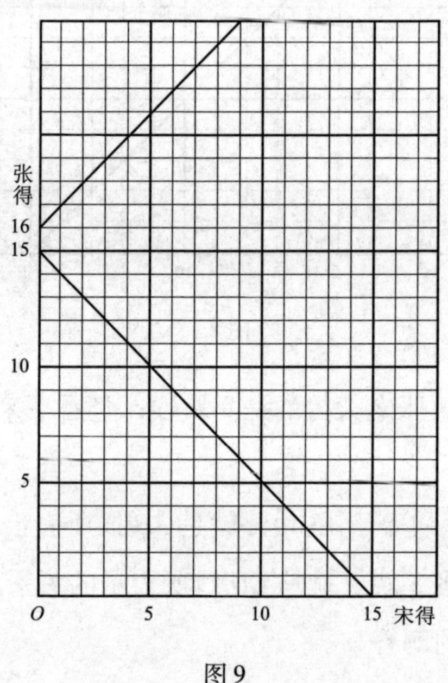

图 9

教科书上的题目，是著书的人为了学习的人方便练习编造出来的，所以，只要不是排错，都会得出答案．至于到了实际生活中，那就不一定有这样的运气．因此，注意题目是否可能，假如不可能，解释这不可能的理由，都是学习算学的人应当做的工作．

4 就讲和差算罢

马先生侧着身子在黑板上写了这么一道题，转过来对着听众，两眼向大家扫视了一遍.

例一 大小两数的和是十七，差是五，求两数.

“周学敏，这道题你会算了吗？”周学敏也是一个对于学习算学感到困难的学生.

周学敏站起来，回答道：“这和前面的例子是一样的.”

“不错，是一样的，你试将图画出来看看.”

周学敏很规矩地走上讲台，迅速在黑板上将图画了出来.

马先生看了看，问：“得数是多少？”

“大数十一，小数六.”

虽然周学敏得出了这个正确的答案，但他好像不是很满意，回到座位上，两眼迟疑地望着马先生.

马先生觉察到了，问：“你还放心不下什么？”

周学敏立刻回答道：“这样画法是懂得了，但是这个题的算法还是不明白.”

马先生点了点头，说：“这个问题，很有意思. 不过你们应当知道，这只是算法的一种，因为它比较具体而且

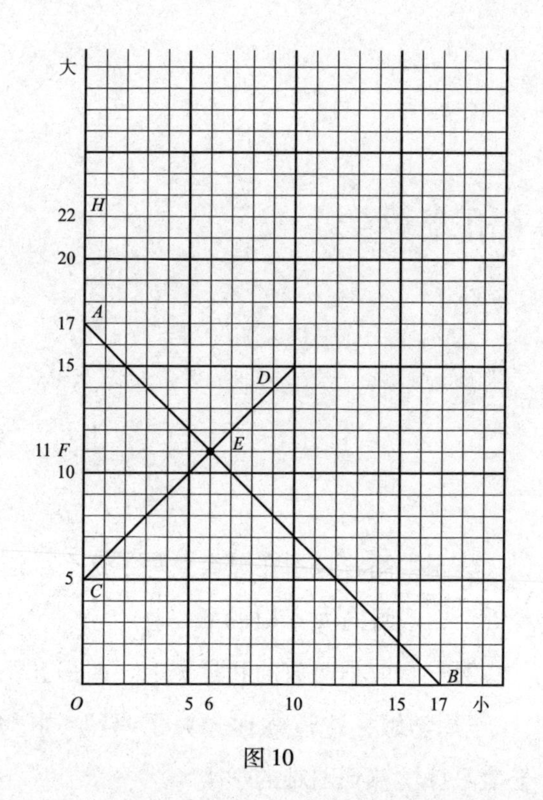

图 10

可以依据一定的法则，所以很有价值．由这种方法计算出来以后，再仔细地观察、推究算术中的计算法，有时便可得出来．”

“如图 10，*OA* 是两数的和，*OC* 是两数的差，*CA* 便是两数的和减去两数的差，*CF* 恰是小数，又是 *CA* 的一半．因此就本题说，便得出：

$$\underbrace{(17 - 5)}_{CA} \div 2 = 12 \div 2 = 6 \cdots\cdots 小数$$

（17 对应 *OA*，5 对应 *OC*，12 对应 *CA*，6 对应 *CF*）

$$6 + 5 = 11 \cdots\cdots 大数$$

（6 对应 *CF*，5 对应 *OC*，11 对应 *OF*）

“*OF* 既是大数，*FA* 又等于 *CF*，若在 *FA* 上加上 *OC*，就是图中的 *FH*，那么 *FH* 也是大数，所以 *OH* 是大数的二倍．由此，又可得下面的算法：

$$(17+5)\div 2=22\div 2=11\cdots\cdots\text{大数}$$

$$\underbrace{OA\quad AH}_{OH}\qquad OH\qquad OF$$

$$11-5=6\cdots\cdots\text{小数}$$

$$OF\quad OC\quad CF$$

“记好了 OA 是两数的和，OC 是两数的差，由这计算，还可得出这类题的一般的公式来：

(和 + 差) ÷ 2 = 大数，　大数 − 差 = 小数

或

(和 − 差) ÷ 2 = 小数，　小数 + 差 = 大数

例二　大小两数的和为二十，小数除大数得四，大小两数各是多少？

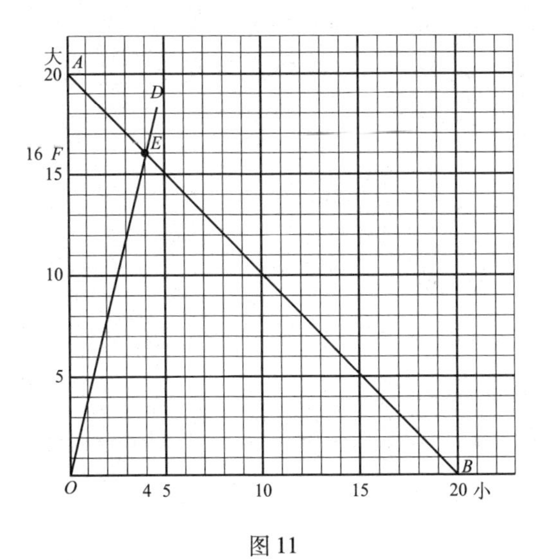

图 11

“这道题的两个条件是：(1) 两数的和为二十，这便是和一定的关系；(2) 小数除大数得四，换句话说，便是大数是小数的四倍——倍数一定的关系．由 (1) 得图中的 AB，由 (2) 得图中的 OD. AB 和 OD

交于 E.

“由 E 横看得 16，竖看得 4. 大数 16，小数 4，就是所求的解答.”

“你们试由图上观察，发现本题的计算法和计算这类题的公式.”马先生一边画图，一边说.

大家都睁着双眼盯着黑板，还算周学敏勇敢：“OA 是两数的和，OF 是大数，FA 是小数.”

“好！FA 是小数.”马先生好像对周学敏的这个发现感到惊异，“那么，OA 里一共有几个小数？”

“5 个.”周学敏答道.

“5 个？从哪里来的？”马先生有意地问.

“OF 是大数，大数是小数的 4 倍. FA 是小数，OA 等于 OF 加上 FA. $4+1=5$，所以有 5 个小数.”王有道回答.

“那么，本题应当怎样计算？”马先生.

“用 5 去除 20 得 4，是小数；用 4 去乘 4 得 16，是大数.”我回答.

马先生静默了一会儿，提起笔在黑板上一边写，一边说：“要这样，在理论上才算完全.”

$20\div(4+1)=4$……小数

$4\times4=16$……大数

接着又问：“公式呢？”

大家差不多一齐说：“和 ÷（倍数 +1）= 小数，小数 × 倍数 = 大数.”

例三　大小两数的差是六，大数是小数的三倍，求两数.

马先生将题目写出以后，一声不响地随即将图画出，问：

“大数是多少？”

“9.”大家齐声回答.

“小数呢？”

“3.”也是众人一齐回答.

“在图上，OA 是什么？”

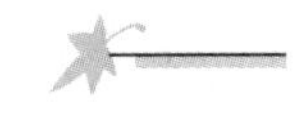

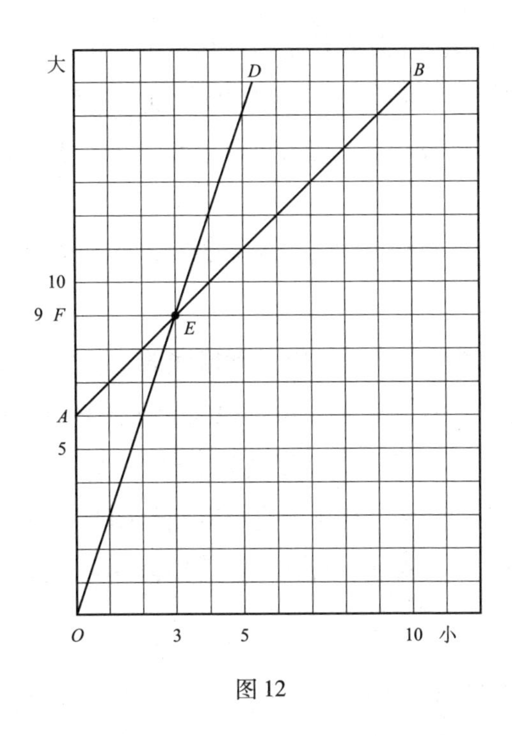

图 12

“两数的差.”周学敏.

“OF 和 AF 呢?”

“OF 是大数，AF 是小数.”我抢着说.

“OA 中有几个小数?”

“3 减 1 个.”王有道不甘示弱地争着回答.

“周学敏，这题的算法怎样?”

“$6\div(3-1)=6\div2=3$……小数，$3\times3=9$……大数.”

“李大成，计算这类题的公式呢?”马先生表示默许以后说.

“差 ÷ (倍数 − 1) = 小数，小数 × 倍数 = 大数.”

例四 周敏和李成分三十二个铜板，周敏得的比李成得的三倍少八个，各得几个?

马先生在黑板上写完这道题目，板起脸望着我们，大家不禁哄堂大笑，但不久就静默下来，望着他.

马先生："这回，老文章有点儿难套用了，是不是？第一个条件两人分三十二个铜板，这是'和一定'的关系，这条线自然容易画．第二个条件却是含有倍数和差，困难就在这里．王有道，表示这第二个条件的线怎样画法？"

王有道受窘了，紧紧地闭着双眼思索，右手的食指不停地在桌上画来画去．

马先生："西洋镜戳穿了，原是不值钱的．只要想想昨天讲过的三个例子的画线法，本质上毫无分别．现在无妨先来解决这样一个问题，'甲数比乙数的二倍多三'，怎样用线表示出来？

"在昨天我们讲最后三个例子的时候，每图都是先找出 A、B 两点来，再连结它们成一条直线，现在仍旧可以依样画葫芦．

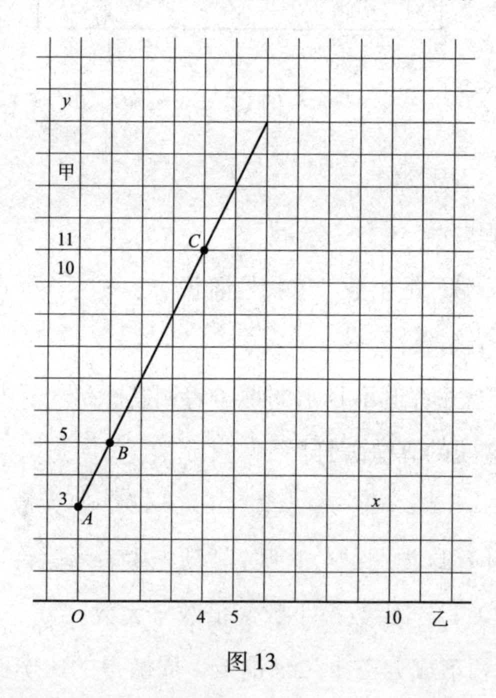

图 13

"用横线表乙数，纵线表甲数．

"甲比乙的二倍多三，若乙是0，甲就是3，因而得 A 点．若乙是1，甲就是5，因而得 B 点．

“现在从 AB 上的任意一点，比如 C，横看得 11，竖看得 4，不是正合条件吗？

“若将表示小数的横线移到 x 线上，对于 x 线和 y 线来说，AB 不是正好表示两数定倍数的关系吗？

“明白了吗？”马先生很庄重地问．

大家只以沉默表示已经明白．接着，马先生又问：

“那么，表示‘周敏得的比李成得的三倍少八个’，这条线怎么画？周学敏来画画看．”大家又笑一阵．周学敏在黑板上画成下图：

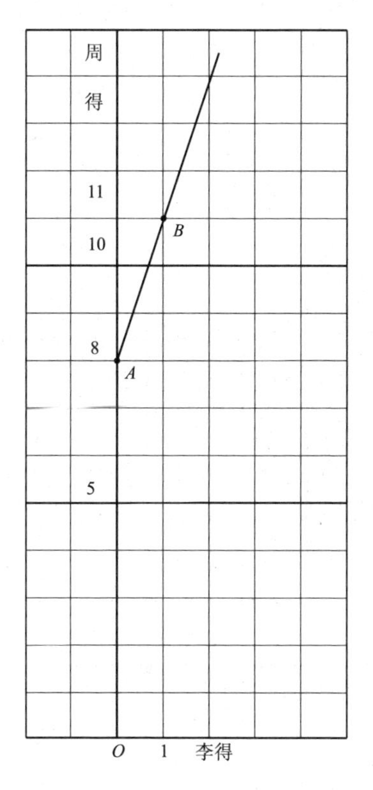

图 14

“由这图看来，李成一个钱不得的时候，周敏得多少？”马先生．

“8 个．”周学敏．

“李成得 1 个呢？”

“11 个.”有一个同学回答.

“那岂不是文不对题吗?”这一来大家又呆住了.

毕竟王有道的算学好，他说:“题目上是‘比三倍少八’，不能这样画.”

“照你的意见，应当怎么画?”马先生问王有道.

“我不知道怎样表示‘少’.”王有道.

“不错，这一点需要特别注意. 现在大家想，李成得 3 个的时候，周敏得几个?”

“1 个.”

“李成得 4 个的时候呢?”

“4 个.”

“这样 A、B 两点都得出来了，连结 AB，对不对?”

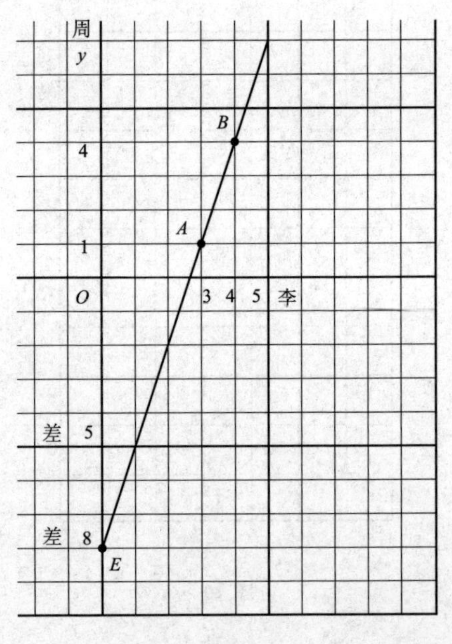

图 15

“对——!”大家露出有点儿乐得忘形的神气，拖长了声音这样回

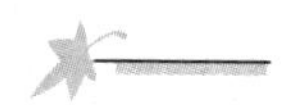

答，简直和小学三四年级的学生一般，惹得马先生也笑了.

“再来变一变戏法，将 AB 和 Oy 都向相反方向拉长，得交点 E. OE 是多少？”

“8.”

“这就是‘少’的表出法，现在归到本题.”马先生接着画出了图 16.

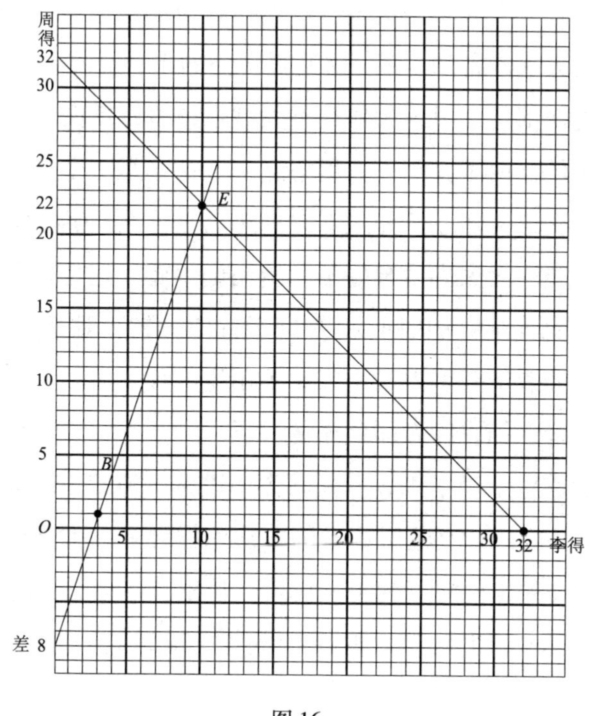

图 16

“各人得多少？”

“周敏 22 个，李成 10 个.”周学敏.

“算法呢？”

“$(32+8)\div(3+1)=40\div4=10$……李成得的数，$10\times3-8=30-8=22$……周敏得的数.”我说.

“公式是什么？”

好几个人回答：

"(总数＋少数)÷(倍数＋1)＝小数，小数×倍数－少数＝大数."

例五　两数的和是十七，大数的三倍与小数的五倍的和是六十三，求两数.

"我用这个题来结束这第四段. 你们能用画图的方法求出答案来吗? 各人都自己算算看." 马先生写完了题这么说.

跟着，没有一个人不用铅笔、三角板在方格纸上画. ——方格纸是马先生预先叫大家准备的. ——这是很奇怪的事，没有一个人不比平常上课用心. 同样都是学习，为什么有人被强迫着，反而不免想偷懒；没有人强迫，比较自由了，倒一齐用心起来. 这真是一个谜.

和小学生交语文作业给先生看，期望着先生说一声"好"，便回到座位上誊正一般，大家先后画好了拿给马先生看. 这也是奇迹，八九个人全没有错，而且画完的时间相差也不过两分钟. 这使马先生感到愉快，从他脸上的表情就可以看出来. 不用说，各人的图，除了线有粗细以外，全是一样，简直好像印版印的一样.

各人回到座位上坐下来，静候马先生讲解. 他却不讲什么，突然问王有道："王有道，这道题用算术的方法怎样计算? 你来给我代课，讲给大家听." 马先生说完了就走下讲台，让王有道去做临时先生.

王有道虽然有点儿腼腆，但最终还是拖着脚上了讲台，拿着粉笔，硬做起先生来.

"两数的和是 17，换句话说，就是大数的 1 倍与小数的 1 倍的和是 17，所以用 3 去乘 17，得出来的便是大数的 3 倍与小数的 3 倍的和.

"题目上第二个条件是大数的 3 倍与小数的 5 倍的和是 63，所以若从 63 里面减去三乘 17，剩下来的数里，只有'5 减去 3'个小数了." 王有道很神气地说完这几句话后，便默默地在黑板上写出下面的式子，写完低着头走下讲台.

$$(63-17\times3)\div(5-3)=12\div2=6\cdots\cdots\text{小数}$$

$$17-6=11\cdots\cdots\text{大数}$$

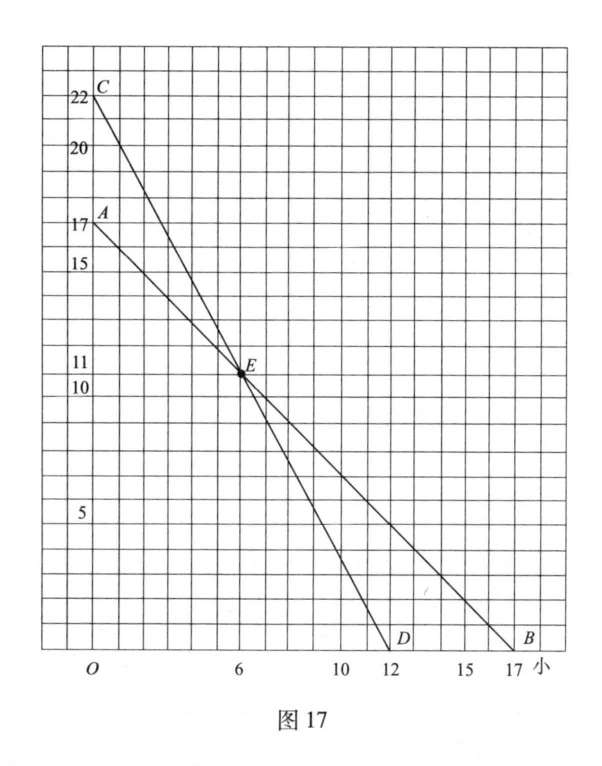

图 17

马先生接着上了讲台："这个算法，你们大概都懂得了吧？我想你们依了前几个例子的样儿，一定要问：'这个算法怎样从图上可以观察出来呢？'这个问题却把我难住了．我只好回答你们，这是没有法子的．你们已学过了一点代数，知道用方程式来解算术中的四则问题．有些题目，也可以由方程式的计算，找出算术上的算法，并且对于那算法加以解释．但有些题目，要这样做却很勉强，而且有些简直勉强不来．各种方法都有各自的立场，这里不能和前几个例子一样，由图上找出算术中的计算法，也就因为这个．

"不过，这种方法比较具体而且确定，所以用来解决问题比较便当．它虽有时不能直接得出算术的计算法来，但一个题已有了答案总比较易于推敲．对于算术方法的思索，这也是一种好处．

"这一课就这样完结吧．"

5

“追赶上前”的话

“讲第三段的时候，我曾经说过，倘若你有了一张图，坐在屋里，看看表，又看看图，随时就可知道你出了门的弟弟离开你已有多远．这次我就来讲关于走路这一类的问题．”马先生今天这样开场．

例一 赵阿毛上午八点由家中动身到城里去，每小时走三里．上午十一点，他的儿子赵小毛发现他忘了带应当带到城里去的东西，拿着从后面追去，每小时走五里，什么时候可以追上？

这题只需用第二段讲演中的最后一个作基础便可得出来．用横线表示路程，每一小段一里；用纵线表示时间，每两小段一小时．——纵横线用作单位 1 的长度，无妨各异，只要表示得明白．

因为赵阿毛是上午八点由家中动身的，所以时间就用上午 8 点作起点，赵阿毛每小时走 3 里，他走的行程和时间是定倍数的关系，画出来就是 AB 线．

赵小毛是上午 11 点动身的，他走的行程和时间对于交在 C 点的纵横线来说，也只是定倍数的关系，画出来

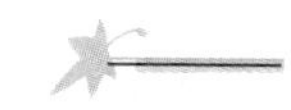

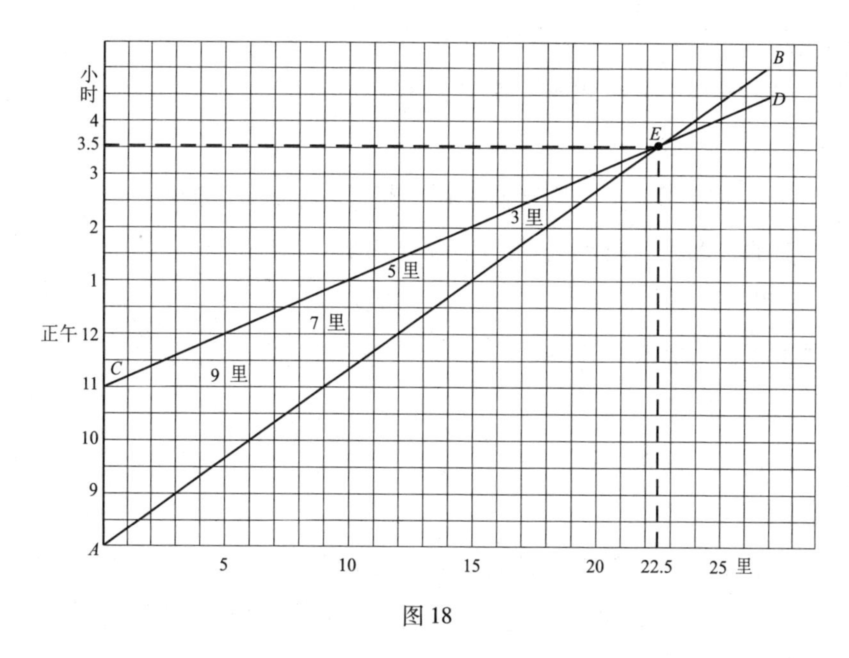

图 18

就是 CD 线.

AB 和 CD 交于 E，就是赵阿毛和赵小毛父子俩在这儿碰上了.

从 E 点横看，得下午三点半，这就是解答.

“你们仔细看这个，比上次的有趣味.”趣味！今天马先生从走进课堂直到现在，都是板着面孔的，我还以为他有什么不高兴的事，或是身体不适呢！听到这两个字，知道他将要说什么趣话了，精神不禁为之一振. 但是仔细看一看图，依然和上次的各个例题一样，只有两条直线和一个交点，真不知道马先生说的趣味在哪里. 别人大概也和我一样，没有看出什么特别的趣味，所以整个课堂上，只有静默. 打破这静默的，自然只有马先生：

“看不出吗？唁！不是真正的趣味‘横’生吗?”

“横”字说得特别响，同时右手拿着粉笔朝着黑板上的图横着一画. 虽是这样，但我们还是猜不透这个谜.

“大家横着看！看两条直线间的距离!”因为马先生这么一提示，果然，大家都看那两条线间的距离.

“看出了什么?”马先生静了一下问.

“越来越短，最后变成了零.”周学敏回答.

“不错！但这表示什么意思?”

“两人越走越近，到后来便碰在一起了.”王有道回答.

“对的，那么，赵小毛动身的时候，两人相隔几里?”

“9里.”

“走了1小时呢?”

“7里.”

“再走1小时呢?”

“5里.”

“每走1小时，赵小毛赶上赵阿毛几里?”

“2里.”这几次差不多是齐声回答，课堂里显得格外热闹.

“这2里从哪里来的?”

“赵小毛每小时走5里，赵阿毛每小时只走3里，5里减去3里，便是2里.”我抢着回答.

“好！两人先隔开9里，赵小毛每小时能够追上2里，那么几小时可以追上？用什么算法计算?”马先生这次向着我问.

“用2去除9得4.5.”我答.

马先生又问：“最初相隔的9里怎样来的呢?”

“赵阿毛每小时走3里，上午8点动身，走到上午11点，一共走了3小时，三三得九.”另一个同学这么回答.

在这以后，马先生就写出了下面的算式：

3里/小时×3小时÷(5里/小时-3里/小时)

=9里÷2里/小时=4.5小时……赵小毛走的时间

11时+4.5时-12时=3.5时……下午3点半

“从这次起，公式不写了，让你们去如法炮制吧.从图上还可以看出来，赵阿毛和赵小毛碰到的地方，距家是22.5里.若是将AE、CE

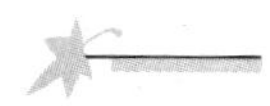

延长，两线间的距离又越来越长，但 AE 翻到了 CE 的上面．这就表示，若他们父子碰到以后，仍继续各自前进，赵小毛便走在了赵阿毛前面，越离越远．”

试将这个题改成“甲每小时行三里，乙每小时行五里，甲动身后三小时，乙去追他，几时能追上?”这就更一般了，画出图来，当然和前面的一样．不过表示时间的数字需换成0，1，2，3……

例二 甲每小时行三里，动身后三小时，乙去追他，四小时半追上，乙每小时行几里?

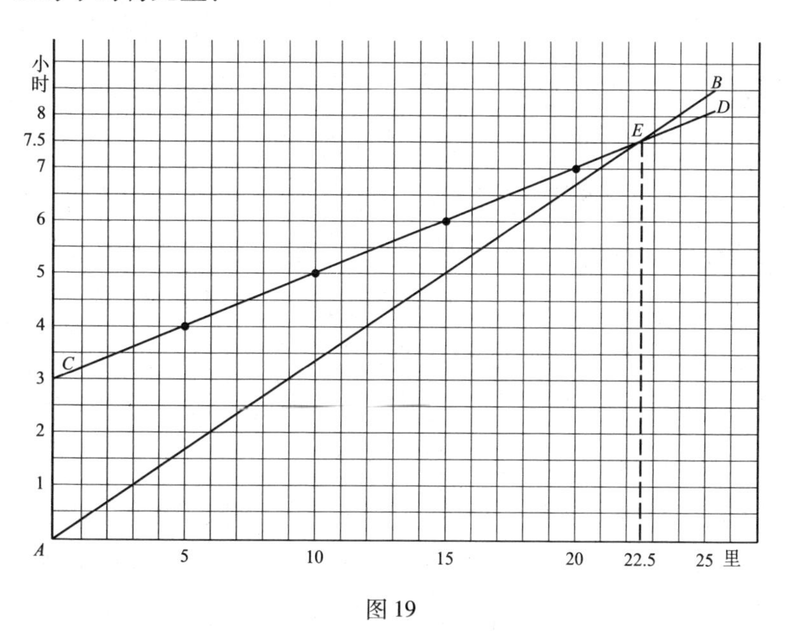

图 19

对于这个题，表示甲走的行程和时间的线，自然谁都会画了．就是表示乙走的行程和时间的线，经过了马先生的指示，以及共同的讨论，知道乙是在甲动身后 3 小时才动身的，而得 C 点．又因为乙追了 4.5 小时赶上甲，这时甲正走到 E，而得 E 点，连结 CE，就得所求的线．再看每过一小时，横线对应增加 5，所以知道乙每小时行 5 里．这真是马先生说的趣味横生了．

不但如此，图上明明白白地指示出来，甲 7.5 小时走的路程是 22.5

里，乙 4.5 小时走的也正是这么多，所以很容易使我们想出这题的算法：

3 里/小时 × (3 小时 +4.5 小时) ÷4.5 小时

=22.5 里 ÷4.5 小时 =5 里/小时……乙走的速度

但是马先生的主要目的不在讨论这题的算法上，当我们得到了答案和算法后，他又写出下面的例题．

例三　甲每小时行三里，动身后三小时，乙去追他，追到二十二里半的地方追上，求乙的速度．

跟着例二来解这个问题，真是十分轻松，不必费心思索，就知道应当这样算：

22.5 里 ÷ (7.5 小时 −3 小时)

=22.5 里 ÷4.5 小时 =5 里/小时……乙走的速度

原来，图是大家都懂得画了，而且一连这三个例题的图，简直就是一个，只是画的方法或说明不同．甲走了 7.5 小时而比乙多走 3 小时，乙走了 4.5 小时，而路程是 22.5 里，上面的计算法，由图上看来，真是了如指掌呵！我今天才深深地感到对算学有这么浓厚的兴趣！

马先生在大家算完这题以后发表他的议论：

“由这三个例子来看，一个图可以表示几个不同的题，只是着眼点和说明不同．这不是活鲜鲜地，很有趣味吗？原来例二、例三都是从例一转化来的，虽然面孔不同，根源的关系却没有两样．这类问题的骨干只是距离、时间、速度的关系，你们当然已经明白：

“速度 × 时间 = 距离．

“由此演化出来，便得：

“速度 = 距离 ÷ 时间，

“时间 = 距离 ÷ 速度．”

我们说：

“赵阿毛的儿子是赵小毛，老婆是赵大嫂子．

“赵大嫂子的老公是赵阿毛，儿子是赵小毛.

“赵小毛的妈妈是赵大嫂子，爸爸是赵阿毛.”

这三句话，表面上看起来自然不一样，立足点也不同，从文学上说，所给我们的意味、语感也不同，但表出的根本关系却只有一个，画个图便是：

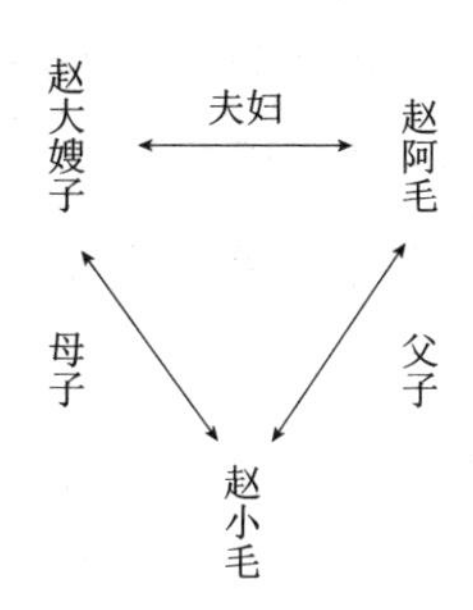

照这种情形，将例一先分析一下，我们可以得出下面各元素以及元素间的关系：

①甲每小时行三里.

②甲先走三小时.

③甲共走七小时半.

④甲、乙都共走二十二里半.

⑤乙每小时行五里.

⑥乙共走四小时半.

⑦甲每小时所行的里数（速度）乘以所走的时间，得甲走的距离.

⑧乙每小时所行的里数（速度）乘以所走的时间，得乙走的距离.

⑨甲、乙所走的总距离相等.

⑩甲、乙每小时所行的里数相差二.

⑪甲、乙所走的小时数相差三.

①到⑥是这题所含的6个元素. 一般地说，只要知道其中3个，便可将其余的3个求出来. 如例一，知道的是①⑤②，而求得的是⑥，但由②⑥便可得③，由⑤⑥就可得④. 例二，知道的是①②⑥，而求得

⑤，由②⑥当然可得③，由⑥⑤便得④. 例三，知道的是①②④，而求得⑤，由①④可得③，由⑤④可得⑥.

不过也有例外，如①③④，因为④可以由①③得出来，所以不能成为一个题. ②③⑥只有时间，而且由②③就可得⑥，也不能成题. 再看④⑤⑥，由④⑤可得⑥，一样不能成题.

从6个元素中取出3个来做题目，照理可成20个. 除了上面所说的不能成题的3个，以及前面已举出的3个，还有14个. 这14个的算法，当然很容易推知，画出图来和前三个例子完全一样. 为了便于比较、研究，逐一写在后面.

例四　甲每小时行三里①，走了三小时乙才动身②，他共走了七小时半③被乙赶上，求乙的速度.

3 里/小时 ×7.5 小时 ÷(7.5 小时 -3 小时)

=5 里/小时……乙的速度

例五　甲每小时行三里①，先动身，乙每小时行五里⑤，从后追他，只知甲共走了七小时半③，被乙追上，求甲先动身几小时?

7.5 小时 -3 里/小时 ×7.5 小时 ÷5 里/小时

=3 小时……甲先动身三小时

例六　甲每小时行三里①，先动身，乙从后面追他，四小时半⑥追上，而甲共走了七小时半③，求乙的速度.

3 里/小时 ×7.5 小时 ÷4.5 小时 =5 里/小时……乙的速度

例七　甲每小时行三里①，先动身，乙每小时行五里⑤，从后面追他，走了二十二里半④追上，求甲先走的时间.

22.5 里 ÷3 里/小时 -22.5 里 ÷5 里/小时

=7.5 小时 -4.5 小时 =3 小时……甲先走三小时

例八　甲每小时行三里①，先动身，乙追四小时半⑥，共走二十二里半④追上，求甲先走的时间.

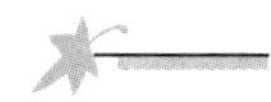

22.5 里 ÷3 里/小时 −4.5 小时

=7.5 小时 −4.5 小时 =3 小时……甲先走三小时

例九 甲每小时行三里①，先动身，乙从后面追他，每小时行五里⑤，四小时半⑥追上，甲共走了几小时？

5 里/小时 ×4.5 小时 ÷3 里/小时

=22.5 里 ÷3 里/小时 =7.5 小时……甲共走七小时半

例十 甲先走三小时②，乙从后面追他，在距出发地二十二里半④的地方追上，而甲共走了七小时半③，求乙的速度.

22.5 里 ÷(7.5 小时 −3 小时)

=22.5 里 ÷4.5 小时 =5 里/小时……乙的速度

例十一 甲先走三小时②，乙从后面追他，每小时行五里⑤，到甲共走七小时半③时追上，求甲的速度.

5 里/小时 ×(7.5 小时 −3 小时) ÷7.5 小时

=22.5 里 ÷7.5 小时 =3 里/小时……甲的速度

例十二 乙每小时行五里⑤，在甲走了三小时的时候②动身追甲，乙共走二十二里半④追上，求甲的速度.

22.5 里 ÷(22.5 里 ÷5 里/小时 +3 小时)

=22.5 里 ÷7.5 小时 =3 里/小时……甲的速度

例十三 甲先动身三小时②，乙用四小时半⑥，走二十二里半路④，追上甲，求甲的速度.

22.5 里 ÷(3 小时 +4.5 小时)

=22.5 里 ÷7.5 小时 =3 里/小时……甲的速度

例十四 甲先动身三小时②，乙每小时行五里⑤，从后面追他，走四小时半⑥追上，求甲的速度.

5 里/小时 ×4.5 小时 ÷(3 小时 +4.5 小时)

=22.5 里 ÷7.5 小时 =3 里/小时……甲的速度

例十五 甲七小时半③走二十二里半④，乙每小时行五里⑤，在甲动身若干小时后动身，正追上甲，求甲先走的时间.

7.5 小时 −22.5 里 ÷5 里/小时

=7.5 小时 −4.5 小时 =3 小时……甲先走三小时

例十六　甲动身后若干时，乙动身追甲，甲共走七小时半③，乙共走四小时半⑥，所走的距离为二十二里半④，求各人的速度.

22.5 里 ÷7.5 小时 =3 里/小时……甲的速度

22.5 里 ÷4.5 小时 =5 里/小时……乙的速度

例十七　乙每小时行五里⑤，在甲动身若干时后追他，到追上时，甲共走了七小时半③，乙只走四小时半⑥，求甲的速度.

5 里/小时 ×4.5 小时 ÷7.5 小时

=22.5 里 ÷7.5 小时 =3 里/小时……甲的速度

在这十七个例题中，例十六只是应有的文章，严格地说，已不成一个题了. 将这些题对照图来看，比较它们的算法，可以知道，将一个题中的已知元素和所求元素对调而组成一个新题，这两题的计算法的更改，有一定法则. 大体说来，总是这样，新题的算法，对于被调的元素来说，正是原题算法的还原，加减互变，乘除也互变.

前面每一题都只求 1 个元素，若将各未知的 3 个元素作一题，实际就成了 48 个题. 还有，甲每小时行三里，先走三小时，就是先走九里，这也可用来代替第二元素，而和其他两元素组成若干题，这样的推究多么活泼、有趣！而且对于研究学问实在是一种很好的训练.

本来无论什么题，都可以下这么一番功夫探究，但前几次的例子比较简单，变化也就少一些，所以不曾说到. 而举一反三，正好是一个练习的机会，所以以后也不再这么不怕麻烦地讲了.

把题目这样推究，学会了一个题的计算法，便可悟到许多关系相同、形式各样的题的算法，实不只举一反三，简直要闻一以知十，使我觉得无比快乐！我现在才感到算学是不枯燥的.

马先生花费许多精力，教给我们探索题目的方法，时间已过去不

少，但他还不辞辛苦地继续讲下去.

例十八 甲、乙两人在东西相隔十四里的两地，同时相向动身，甲每小时行二里，乙每小时行一里半，两人几时在途中相遇?

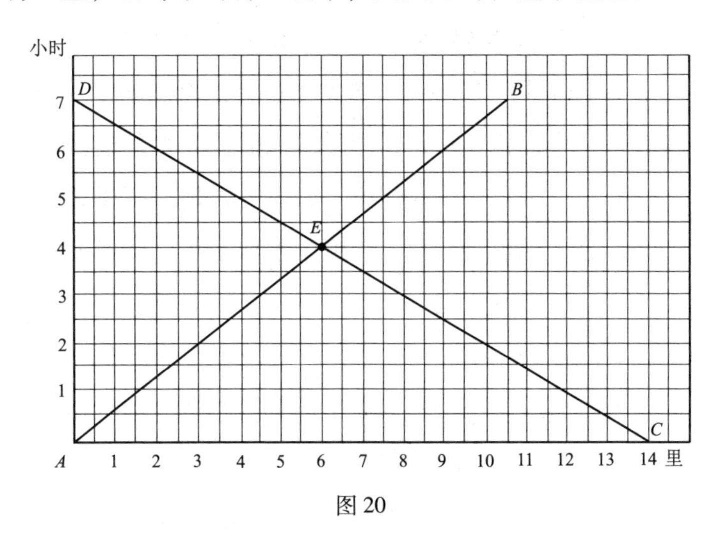

图 20

这差不多算是我们自己做出来的，马先生只告诉了我们，应当注意两点：第一，甲和乙走的方向相反，所以甲从 C 向 D，乙就从 A 向 B，A、C 相隔 14 里；第二，因为题中所给的数都不大，图上的单位应取大一些——都用二小段当 1——图才好看，做算学也需兼顾好看!

由 E 点横看得 4，自然就是 4 小时两人在途中相遇了.

趣味横生，横向看去，甲、乙两人每走一小时将近三里半，就是甲、乙速度的和，所以算法也就得出来了：

$$14 \text{ 里} \div (2 \text{ 里/小时} + 1.5 \text{ 里/小时})$$

$$= 14 \text{ 里} \div 3.5 \text{ 里/小时} = 4 \text{ 小时} \cdots\cdots \text{所求的小时数}$$

这算法，没有一个人不对，算学真是人人能领受的啊!

马先生高兴地提出下面的问题，要我们回答算法，当然，这更不是什么难事!

（1）两人相遇的地方，距东西各几里?

2 里/小时 ×4 小时 =8 里……距东的

1.5 里/小时 ×4 小时 =6 里……距西的

(2) 甲到了西地，乙还距东地几里？

14 里 -1.5 里/小时 ×(14 里 ÷2 里/小时)

=14 里 -10.5 里 =3.5 里……乙距东的

下面的推究，是我和王有道、周学敏依照马先生的前例做的.

例十九　甲、乙两人在东西相隔十四里的两地，同时相向动身，甲每小时行二里，走了四小时，两人在途中相遇，求乙的速度.

(14 里 -2 里/小时 ×4 小时) ÷4 小时

=6 里 ÷4 小时 =1.5 里/小时……乙的速度

例二十　甲、乙两人在东西相隔十四里的两地，同时相向动身，乙每小时行一里半，走了四小时，两人在途中相遇，求甲的速度.

(14 里 -1.5 里/小时 ×4 小时) ÷4 小时

=8 里 ÷4 小时 =2 里/小时……甲的速度

例二十一　甲、乙两人在东西两地，同时相向动身，甲每小时行二里，乙每小时行一里半，走了四小时，两人在途中相遇，两地相隔几里？

(2 里/小时 +1.5 里/小时) ×4 小时

=3.5 里/小时 ×4 小时 =14 里……两地相隔的

这里所含的元素只有 4 个，所以只能组成 4 个形式不同的题，自然比马先生所讲的前一个例子简单得多. 不过，我们能够这样穷追不舍，心中确实感到无比愉快!

下面又是马先生所提示的例子.

例二十二　从宋庄到毛镇有二十里，何畏四小时走到，苏绍武五小时走到，两人同时从宋庄动身，走了三时半，相隔几里？走了多长时间，相隔三里？

马先生说，这个题目的要点，在于正确地指明解法所在. 他将表示

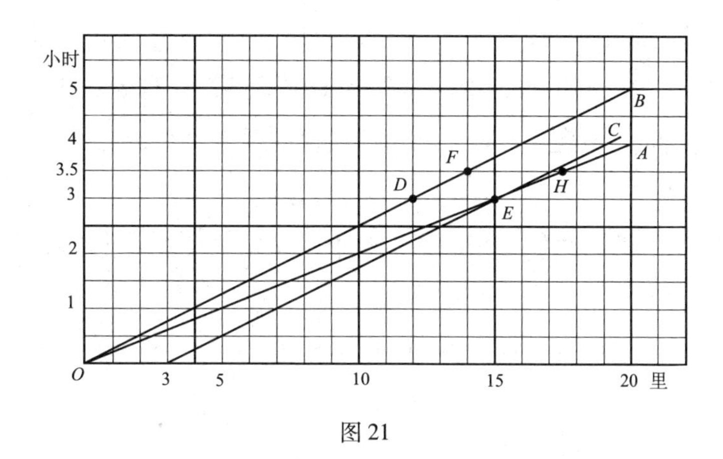

图 21

甲和乙所走的行程、时间的关系的线画出以后，这样问：

“走了三时半，相隔的里数，怎样表示出来？

“从三时半的那一点画条横线和两直线相交于 F、H，F、H 间的距离，三里半，就是所求的.

“那么，几时相隔三里呢？”

由图 21 上，很清晰地可以看出来，走了三小时，就相隔三里．但怎样由画法求出来，倒使我们呆住了.

马先生见没人回答，便说：“你们难道没有留意过斜方形吗？”随即在黑板上画了一个 $ABCD$ 斜方形，接着说：

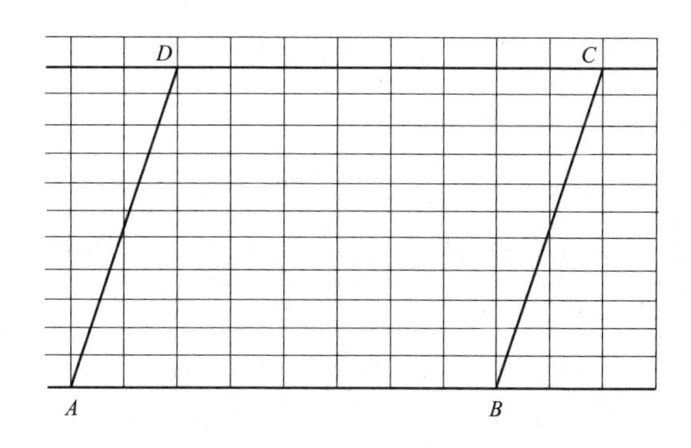

图 22

“你们看图上（图 22）AD、BC 是平行的，而 AB、DC 以及 AD、

BC 间的横线都是平行的，不但平行而且还一样长．应用这个道理，（图21）过距 O 三里的一点，画一条线和 OB 平行，它与 OA 交于 E. 在 E 这点，两线间的距离正好指示三里，而横向看去，却是三小时，这便是解答．”

至于这题的算法，不用说，很简单，马先生大概因此不曾提起，我补在下面：

(20 里 ÷4 小时 －20 里 ÷5 小时) ×3.5 小时

=3.5 里……走了三时半相隔的距离

3 里 ÷(20 里 ÷4 小时 －20 里 ÷5 小时)

=3 小时……相隔三里所需走的时间

跟着，马先生所提出的例题更曲折、更有趣了．

例二十三　甲每十分钟走一里，乙每十分钟走一里半．甲动身五十分钟时，乙从甲出发的地点动身去追甲．乙走到六里的地方，想起忘带东西了，马上回到出发处寻找．花费五十分钟找到了东西，加快了速度，每十分钟走二里去追甲．若甲在乙动身转回时，休息过三十分钟，乙在什么地方追上甲？

“先来讨论表示乙所走的行程和时间的线的画法．”马先生说，“这有五点：①出发的时间比甲迟五十分钟；②出发后每十分钟行一里半；③走到六里便回头，速度没有变；④在出发地停了五十分钟才第二次动身；⑤第二次的速度，每十分钟行二里．”

依第一点，就时间说，应从五十分钟的地方画起，因而得 A. 从 A 起依照第二点，每一单位时间——十分钟——一里半的定倍数，画直线到六里的地方，得 AB.

依第三点，从 B 折回，照同样的定倍数画线，正好到一百三十分钟的 C，得 BC.

依第四点，虽然时间一分钟一分钟地过去，乙却没有离开一步，即五十分钟都停着不动，所以得 CD.

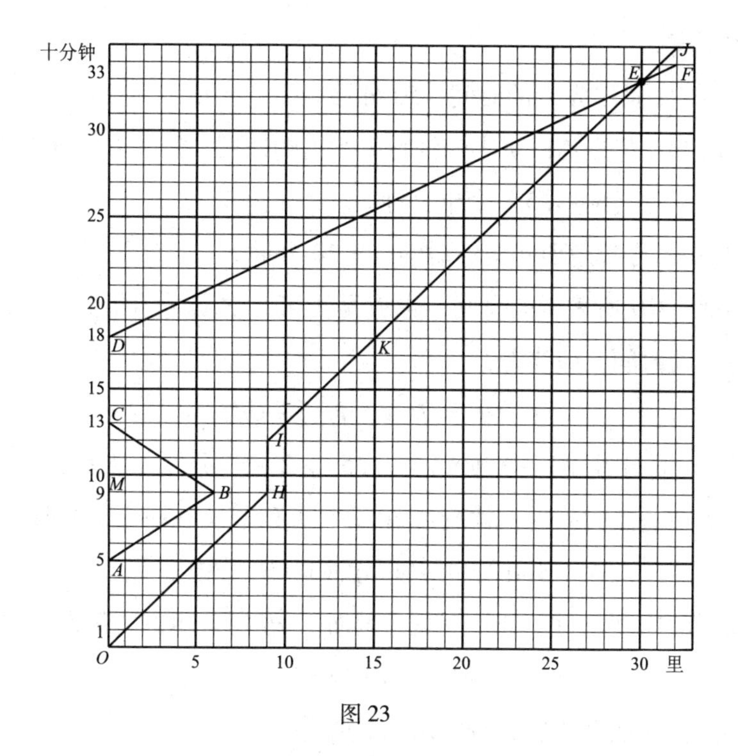

图 23

依第五点，从 D 起，每单位时间，以二里的定倍数，画直线 DF.

至于表示甲所走的行程和时间的线，却比较简单，始终是一定的速度前进，只有在乙达到六里 B——正是九十分钟，甲达到九里时，他休息了——停着不动——三十分钟，然后继续前进，因而这条线是 OH、IJ.

两线相交于 E 点，从 E 点往下看得 30 里，就是乙在距出发点 30 里的地点追上甲.

“从图上观察能够得出算法来吗?”马先生问.

“当然可以的.”没有人回答，他自己说，接着就讲题的计算法.

老实说，这个题从图上看去，就和乙在 D 所指的时间，用每十分钟二里的速度，从后去追甲一样. 但甲这时已走到 K，所以乙需追上的里数，就是 DK 所指示的.

倘若知道了 OD 所表示的时间，那么除掉甲在 HI 休息的 30 分钟，便是甲从 O 到 K 所走的时间，用它去乘甲的速度，得出来的即是 DK 所表示的距离.

图上 OA 是甲先走的时间，50 分钟.

AM、MC 都是乙以每十分钟行 1.5 里的速度，走了 6 里所花费的时间，所以都是（$6\div1.5$）个十分钟.

CD 是乙寻找东西花费的时间——50 分钟.

因此，OD 所表示的时间，也就是乙第二次动身追甲时，甲已经在路上花费的时间，应当是：

$$OD=OA+AM\times2+CD$$
$$=50\text{ 分钟}+10\text{ 分钟}\times(6\div1.5)\times2+50\text{ 分钟}=180\text{ 分钟}$$

但甲在这段时间内，休息过 30 分钟，所以，在路上走的时间只是：

$$180\text{ 分钟}-30\text{ 分钟}=150\text{ 分钟}$$

而甲的速度是每十分钟一里，因而，DK 所表示的距离是：

$$1\times(150\div10)=15\text{（里）}$$

乙追上甲从第二次动身所用的时间是：

$$15\div(2-1)=15\text{（十分钟）}\cdots\cdots150\text{ 分钟}$$

乙所走的距离是：

$$2\times15=30\text{（里）}$$

这题真是曲折，要不是有图对着看，这个算法，我是很难听懂的.

马先生说："我再用一个例题来作这一课的收场."

例二十四　甲、乙两地相隔一万公尺*，每隔五分钟同时对开一部电车，电车的速度为每分钟五百公尺. 冯立人从甲地乘电车到乙地，在电车中和对面开来的车两次相遇，中间隔几分钟？又从开车至乙地之间，和对面开来的车相遇几次？

题目写出后，马先生和我们作下面的问答.

"两地相隔 10000 公尺，电车每分钟行 500 公尺，几分钟可走

---

* 公尺：距离的旧单位，1 公尺 =1 米.

一趟?”

“20 分钟.”

“倘若冯立人所乘的电车是对面刚开到的，那么这部车是几时从乙地开过来的?”

“前二十分钟.”

“这部车从乙地开出，再回到乙地共需多长时间?”

“40 分钟.”

“乙地每 5 分钟开来一部电车，40 分钟共开来几部?”

“8 部.”

自然经过这样一番讨论，马先生将图画了出来，还有什么难懂的呢?

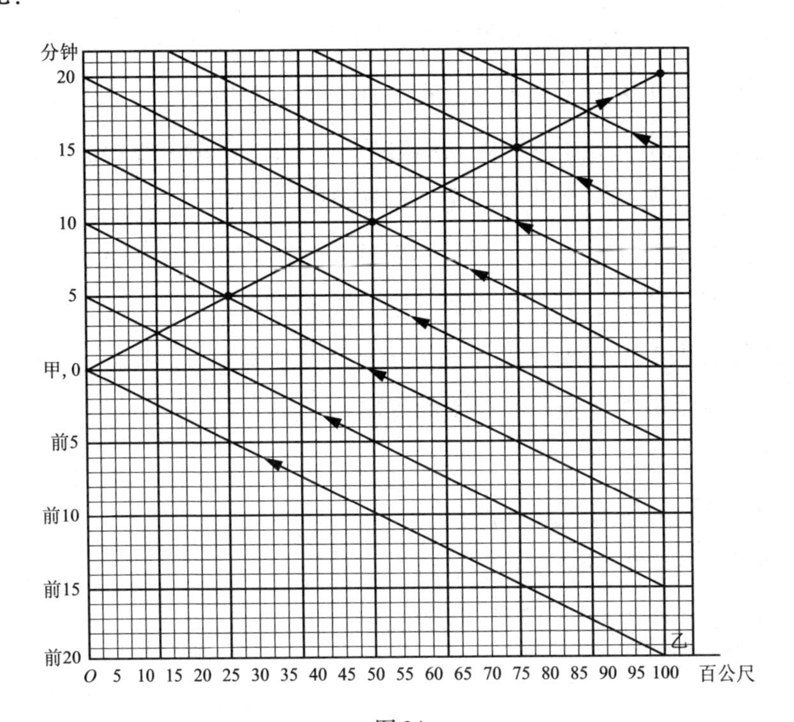

图 24

由图 24，一眼就可得出，冯立人在电车中，和对面开来的电车相遇两次，中间相隔的是两分半钟．

而从开车至乙地，中间和对面开来的车相遇七次．

算法是这样：

10000 公尺 ÷500 公尺/分钟 =20 分钟……走一趟的时间

20 分钟 ×2 =40 分钟……来回一趟的时间

40 分钟 ÷5 分钟 =8……一部车自己来回一趟，中间乙所开的车数

20 分钟 ÷8 =2.5 分钟……和对面开来的车相遇两次，中间相隔的时间

8 次 -1 次 =7 次……和对面开来的车相遇的次数

“这课到此为止，但我还得拖个尾巴，留个题给你们自己去做．”说完，马先生写出下面的题，匆匆地退出课堂，他额上的汗珠已滚到颊上了．

例二十五　甲、乙两地相隔三英里*，电车每时行十八英里，从上午五时起，每十五分钟两地各开车一部．阿土上午 5：01 从甲地电车站顺着电车轨道步行，于 6：05 到乙地车站．阿土在路上碰到往来的电车共几次？第一次是在什么时间和什么地点？

今天足足在课堂上坐了两个半小时，回到寝室里，觉得很疲倦，但对于马先生出的题，不知为什么，还想继续探究一番，于是决心独自试做．总算有志者事竟成，费了二十分钟，居然成功了．但愿过完这次暑假，对于算学能够找到得心应手的方法！

答案：

阿土共碰到往来电车八次．

第一次在上午 5 时 8 分半多．

第一次离甲地 0.36 英里．

---

* 英里：英美制长度单位，1 英里相当于约 1.609 千米．——编者注

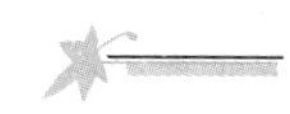

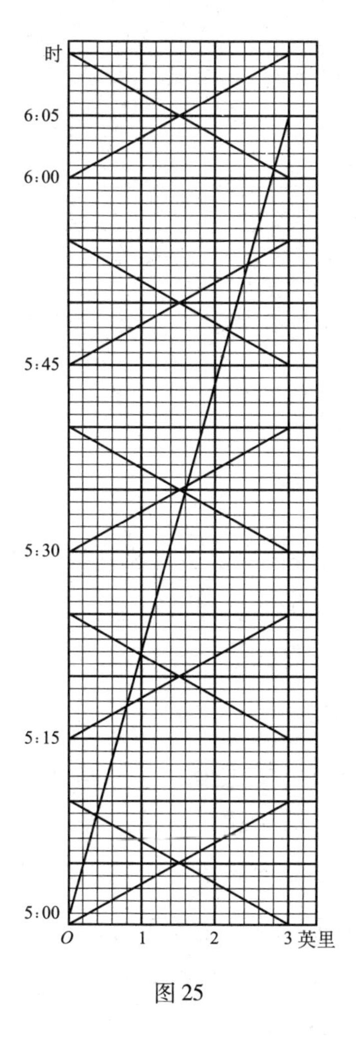

图 25

6 时钟的两支针

“这次讲一个许多人碰到都有点儿莫名其妙的题目.”说完，马先生在黑板上写出：

例一 时钟的长针和短针，在二时、三时间，什么时候碰在一起?

我知道，这个题，王有道确实是会算的，但是很奇怪，马先生写完题目以后，他却一声不吭. 后来下了课，我问他，他的回答是：“会算是会算，但听听马先生有什么别的讲法，不是更有益处吗?”我听了他的这番话，不免有些惭愧，对于我已经懂得的东西，往往不喜欢再听先生讲，这着实是缺点.

“这题的难点在哪里?”马先生问.

“两支针都是在钟面上转，长针转得快，短针转得慢.”我大胆地回答.

“不错! 不过，仔细想一想，便没有什么困难了.”马先生这样回答，并且接着说：

“无论是跑圆圈，还是跑直路，总是在一定的时间内，走过了一定的距离. 而且，时钟的这两支针，好像受

过严格训练一样，在相同的时间内，各自所走的距离总是一定的．——在物理学上，这叫作等速运动．一切运动法则都可用速度、时间和距离这三项的关系表示出来．在等速运动中，它们的关系是：

“距离 = 速度 × 时间．

“现在根据这一点，将本题探究一番．

“李大成，你说长针转得快，短针转得慢，你是怎么知道的？”马先生向我提出这样的问题，惹得大家都笑了起来．当然，这是看见过时钟走动的人都知道的，还成什么问题．不过马先生特地提出来，我倒不免有点儿发呆了．怎样回答好呢？最终我大胆地答道：

“看出来的！”

“当然，不是摸出来的，而是看出来的了！不过我的意思，单说快慢，未免太笼统些，我要问你，这快慢，怎样比较出来的？”

“长针一小时转六十分钟的位置，短针只转五分钟的位置，长针不是比短针转得快吗？”

“这就对了！但我们现在知道的是长针和短针在六十分钟内所走的距离，它们的速度是怎样的呢？”马先生望着周学敏．

“用时间去除距离，就得速度．长针每分钟转一分钟的位置，短针每分钟只转十二分之一分钟的位置．”周学敏．

“现在，两支针的速度都已知道了，暂且放下．再来看题上的另一个条件，下午两点钟的时候，长针距短针多远？”

“十分钟的位置．”四五人一同回答．

“那么，这题目和赵阿毛在赵小毛的前面十里，赵小毛从后面追他，赵小毛每小时走一里，赵阿毛每小时走十二分之一里，几时可以赶上，有什么区别？”

“一样！”真正地众口一词．

这样推究的结果，我们不但能够将图画出来，而且算法也非常明晰了：

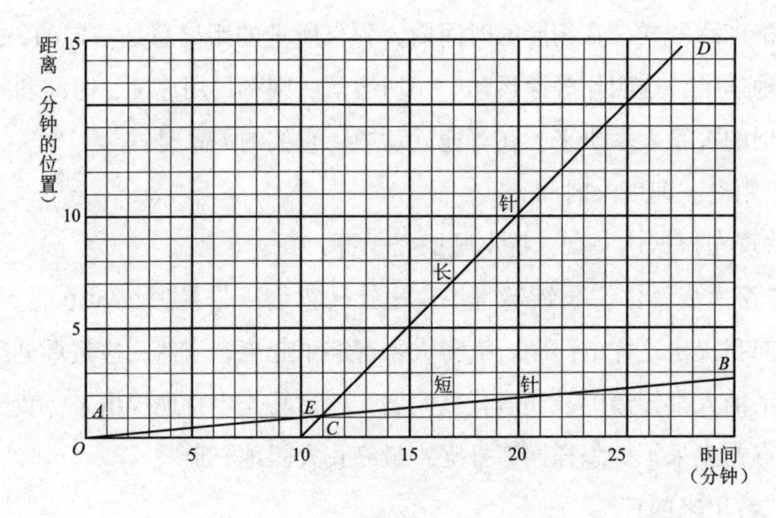

图 26

$$10\div\left(1-\frac{1}{12}\right)=10\div\frac{11}{12}=\frac{120}{11}=10\frac{10}{11}\text{（分钟）}$$

马先生说，这类题的变化并不多，要我们各自作一张图，表出从零时起，到十二时止，两支针各次相重的时间．自然，这只要将前图扩充一下就行了．但在我将图画完，仔细玩赏一番后，觉得算学真是有趣味的科目．

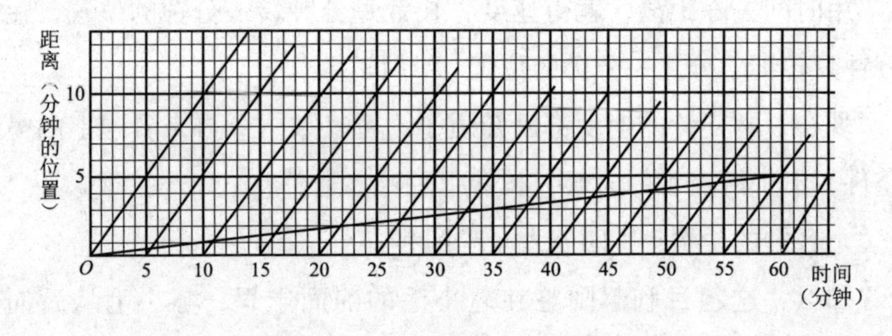

图 27

马先生提出的第二例是：

例二 时钟的两针在二时、三时间，什么时候成一个直角？

马先生叫我们大家将这题和前一题比较，提出要点来，我们都只知道一个要点：

——两针成一直角的时候，它们的距离是十五分钟的位置．

后来经过马先生的各种提示，又得出第二个要点：

——在二时和三时间，两针要成直角，长针得赶上短针同它相重——这是前一题——再超过它十五分钟．

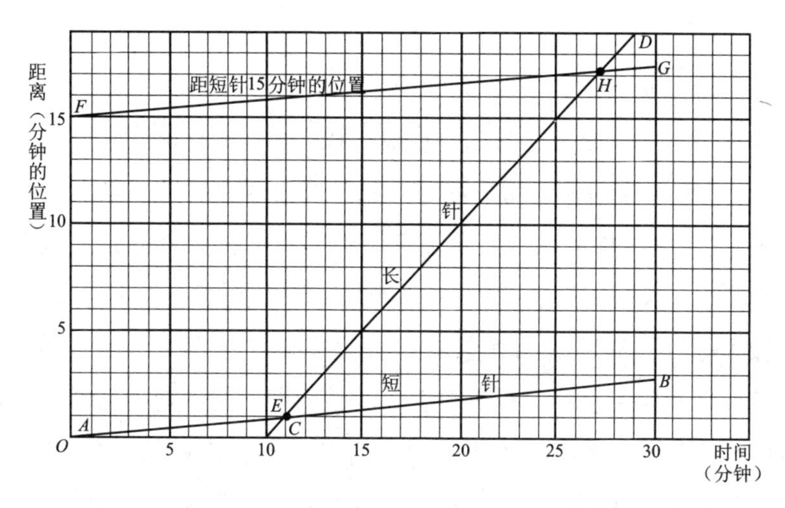

图 28

这一来，不用说，我们都明白了．作图的方法，只是在例一的图上增加一条和 AB 平行的线 FG，和 CD 交于 H，便指示出我们所要的答案了．这理由也很清晰明了，FG 和 AB 平行，AF 相隔十五分钟的位置，所以 FG 上的各点垂直画线下来和 AB 相交，则 FG 和 AB 间的各线段都是一样长，表示十五分钟的位置，所以 FG 便表示距长针十五分钟的位置的线．

至于这题的算法，那更是容易明白了．长针先赶上短针十分钟，再超过十五分钟，一共自然是长针需比短针多走（10 + 15）分钟，所以：

$$(10+15)\div\left(1-\frac{1}{12}\right)=25\div\frac{11}{12}=25\times\frac{12}{11}=\frac{300}{11}=27\frac{3}{11}\ (\text{分钟})$$

便是答案．

这些，在马先生问我们的时候，我们都回答出来了．虽然是这样，但对于我——至少我得承认——实在是一个谜．为什么我们平时遇到一个题目不能这样去思索呢？这几天，我心里都怀着这个疑问，得不到答案，不是吗？倘若我们这样寻根究底地推想，还有什么题目做不出来呢？我也曾问过王有道这个问题，但他的回答，使我很不满意．不，简直使我生气．他只是轻描淡写地说："这叫作'难者不会，会者不难．'"

老实说，要不是我平时和王有道关系很好，知道他并不会恃才傲物，我真会生气，说不定要翻脸骂他一顿．——王有道看到这里，伸伸舌头说："喂！谢谢你！嘴下留情！我没有自居会者，只是羡慕会者的不难罢了！"——他的回答，不是等于不回答吗？难道世界上的人生来就有两类，一类是对于算学题目，简直不会思索的"难者"；另一类是对于算学题目，不用费心思索就解答出来的"会者"吗？真是这样，学校里设算学这一科目，对于前者，便是白费力气；对于后者，便是多此一举！这和马先生的议论未免也矛盾了！怀着这疑问，有好几天了！从前，我也是用性质相近、不相近来解释的，而我自己，当然自居于性质不相近之列．但马先生对于这种说法持否定态度，自从听了马先生这几次的讲解以后，我虽不敢成为否定论者，至少也是怀疑论者了．怀疑！怀疑！怀疑只是过程！最后总应当有个不容怀疑的结论呀！这结论是什么？

被我们尊称为"马浪荡"的马先生，我想他一定可以给我们一个确切的回答．我怀着这样的期望，屡次想将这个问题提出来，静候他的回答，但最终因为缺乏勇气，不敢提出．今天，到了这个时候，我真忍无可忍了．题目的解答法，一经道破，真是会者不难，为什么别人会这样想，我们不能呢？

我斗胆地问马先生："为什么别人会这样想，我们却不能呢？"

马先生笑容满面地说："好！你这个问题很有意思！现在我来跑一次野马．"

马先生跑野马！真是使得大家哄堂大笑！

“你们知道小孩子走路吗?”这话问得太不着边际了，大家只好沉默不语．他接着说：

“小孩子不是一生下来就会走路的，他先是自己不能移动，随后再练习站起来走路．只要不是过分娇养或残疾的小孩子，两岁总会无所倚傍地直立步行了．但是，你们要知道，直立步行是人类的一大特点，现在的小孩子只要两岁就能够做到，我们的祖先却费了不少力气才能够呀!自然，我们可以这样解释，古人不如今人，但这并不能使人佩服．现在的小孩子能够走得这么早，一半是遗传的因素，而一半却是因为有一个学习的环境，一切他所见到的比他大的人的动作，都是他模仿的样品．

“一切文化的进展，正和小孩子学步一样．明白了这个道理，那么这疑问就可以解答了．一种题目的解决，就是一个发明．发明这件事，说它难，它真难，一定要发明点儿什么，这是谁也没有把握能够做到的.但，说它不难，真也不难！有一定的学力和一定的环境，持续不断地努力，总不至于一无所成．

“学算学，以及学别的功课都是一样的，一面先弄清楚别人已经发明的，并且注意他们研究的经过和方法，一面应用这种态度和方法去解决自己所遇到的新问题．广泛地说，你们学了一些题目的解法，自然也就学会了解别的问题，这也是一种发明，不过这种发明是别人早就得出来的罢了．

“总之，学别人的算法是一件事，学思索这种算法的方法，又是一件事，而后一种更重要．”

对于马先生的议论，我还是持怀疑态度，总有些人比较会思索些．但是，马先生却说，不可以忘记一切的发展都是历史的产物，都是许多人的劳动的结晶．他的意思是说“会想”并不是凭空会的，要我们去努力学习．这话，虽然我还不免怀疑，但努力学习总是应当的，我的疑问只好暂时放下了．

马先生发表完议论，就转到本题上：“现在你们自己去研究在各小时以后两针成直角的时间，你们要注意，有几小时内是可以有两次成直角的时间的．”

课后，我们聚集在一起研究，便画成了图29. 我们将一只表从正午十二点旋转到正午十二点来观察，简直是不差分毫．我感到愉快，同时也觉得算学真是一个活生生的科目．

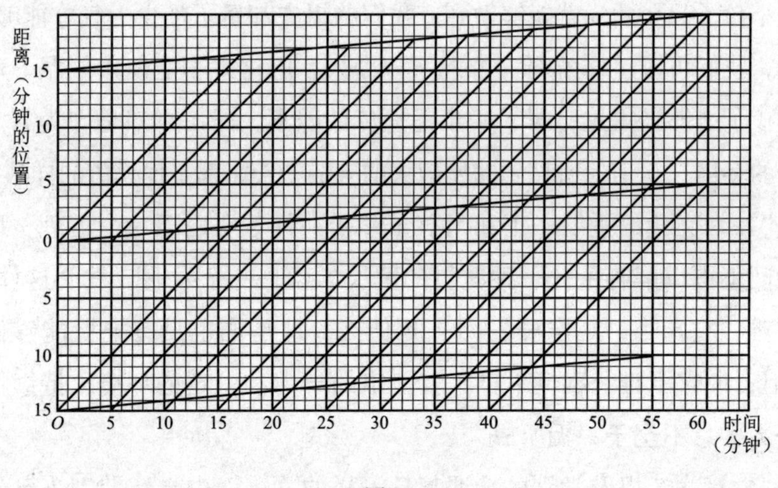

图29

关于时钟两针的问题，一般的书上，还有“两针成一直线”的，马先生说，这再也没有什么难处，要我们自己去“发明”，其实参照前两个例题，真的一点儿也不难啊！

7

流水行舟

“这次，我们先来探究这种运动的事实.”马先生说.

“运动是力的作用，这是学物理的人都应当知道的常识. 在流水中行舟，这种运动受几个力的影响?”

“两个. 一、水流的；二、人划的.”这我们都可以想到.

“我们叫水流的速度是流速；人划船使船前进的速度，叫漕速. 那么，在流水上行舟，这两种速度的关系是怎样的?”

“下行速度 = 漕速 + 流速；上行速度 = 漕速 − 流速.”

这是王有道的回答.

例一 水程六十里，顺流划行五时可到，逆流划行十时可到，每时水的流速和船的漕速是怎样的?

经过前面的探究，我们已知道，这简直与和差问题没什么两样.

水程 60 里，顺流划行 5 时可到，所以下行的速度，就是漕速和流速的和，是每小时 12 里.

逆流划行 10 小时可到，所以上行的速度，就是漕速和流速的差，是每小时 6 里．

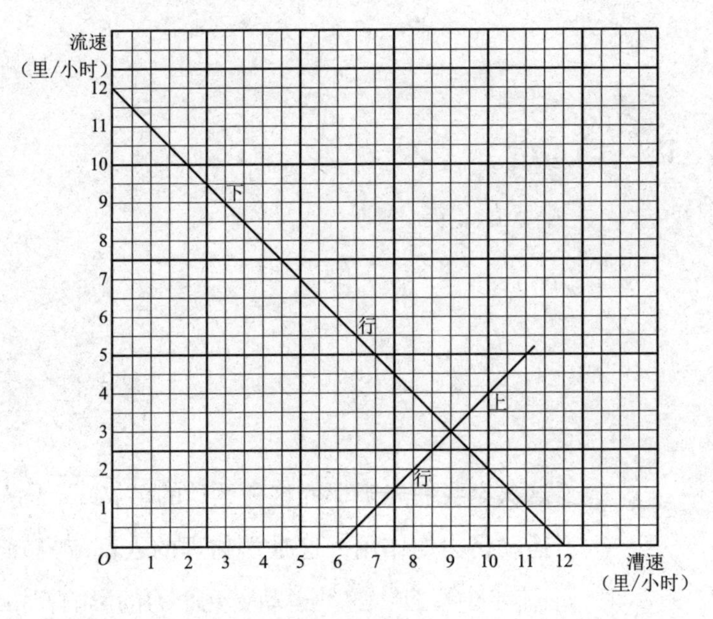

图 30

上面的图极易画出，计算法也很明白：

$(60\div5+60\div10)\div2=(12+6)\div2=9$（里/小时）……漕速

$(60\div5-60\div10)\div2=(12-6)\div2=3$（里/小时）……流速

例二　王老七的船，从宋庄下行到王镇，漕速每时七里，水流每时三里，六时可到，回来需几时？

马先生写完了题，问道："运动问题总是由速度、时间和距离三项中的两项求其他一项，本题所求的是哪一项？"

"时间！"又是一群小孩子似的回答．

"那么，应当知道些什么？"

"速度和距离．"有三个人说．

"速度怎样？"

"漕速和流速的差，每小时 4 里．"周学敏．

"距离呢？"

“下行的速度是漕速同流速的和，每时 10 里，共行 6 时，所以是 60 里 .”王有道 .

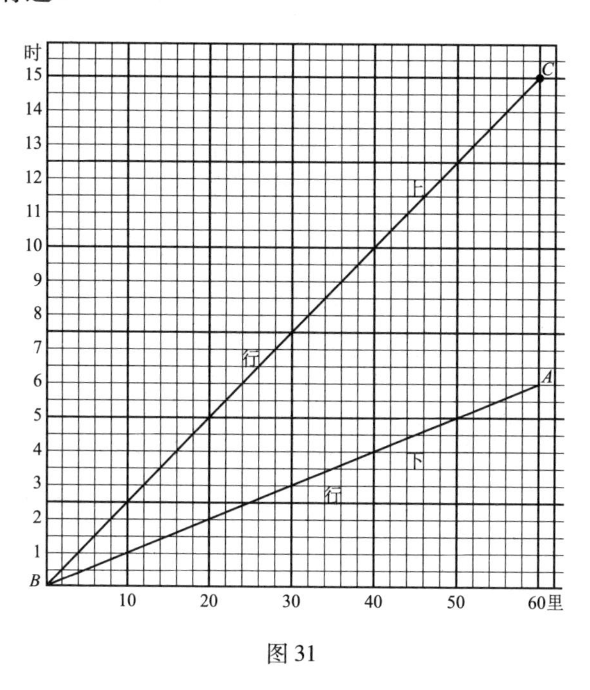

图 31

“对的，不过若是画图，只要参照一定倍数的关系，画 AB 线就行了 . 王老七要从 B 回到 A，每时走 3 里，他的行程也是一条表一定倍数关系的直线，BC. 至于计算法，这一分析就容易了 .”马先生不曾说出计算法，也没有要我们各自做，我将它补在这里：

$$(7+3)\times 6\div(7-3)=60\div 4=15$$

例三 水流每时二里，顺水五时可行三十五里的船，回来需几时？

这题，在形式上好像比前一题曲折，但马先生叫我们抓住速度、时间和距离三项的关系去想，真是会者不难！

在图 32 中，AB 线表示船下行的速度、时间和距离的关系 .

漕速和流速的和是每时 7 里，而流速是每时 2 里，所以它们的差每小时 3 里，便是上行的速度 .

依定倍数的关系作 AC，这图就完成了 .

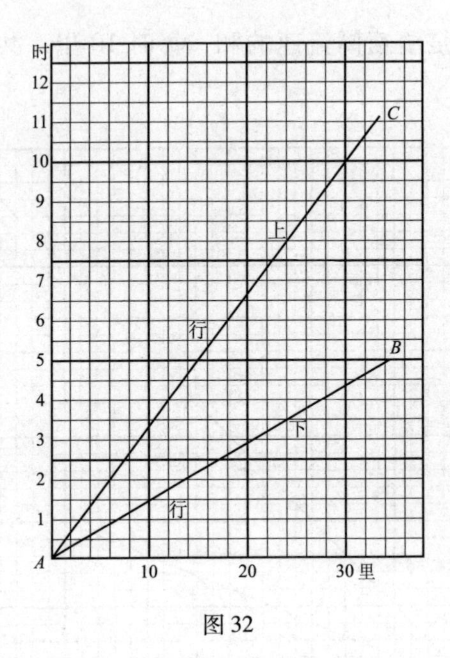

图 32

算法也很容易懂得：

$$35 \div [(35 \div 5 - 2) - 2] = 35 \div 3 = 11\frac{2}{3}\text{（小时）}$$

例四　上行每时二里，下行每时三里，这船往返于某某两地，上行比下行需多二时，二地相距几里？

依照表示定倍数关系的方法，我们画出表上行和下行的行程线 AC 和 AB. EF 正好表示相差 2 时，因而得所求的距离是 12 里，正与题相符. 我们都很得意，但马先生却不满足，他说：

“对是对的，但不好.”

“为什么对了还不好？”我们有点儿不服.

马先生说：“EF 这条线，是先看好了距离凑巧画的，自然也是一种办法. 不过，若有别的更正确、可靠的方法，那岂不是更好吗？”

“……”大家默然.

“题上已说明相差 2 时，那么表示下行的 AC 线，若从 2 时那点画起，则得交点 E，岂不更清晰明了吗？”

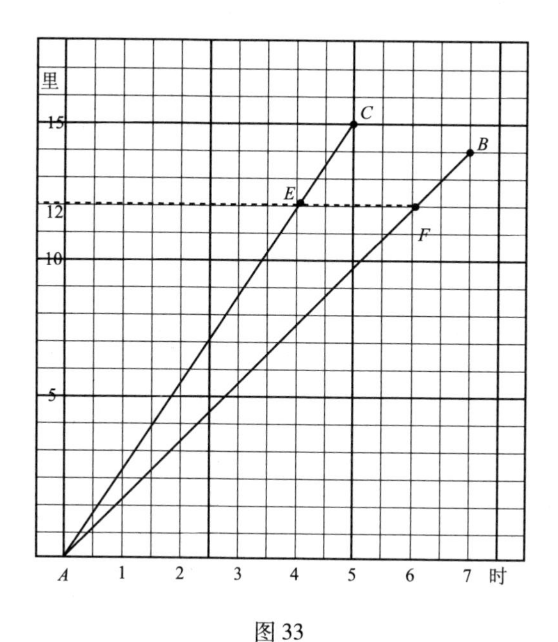

图 33

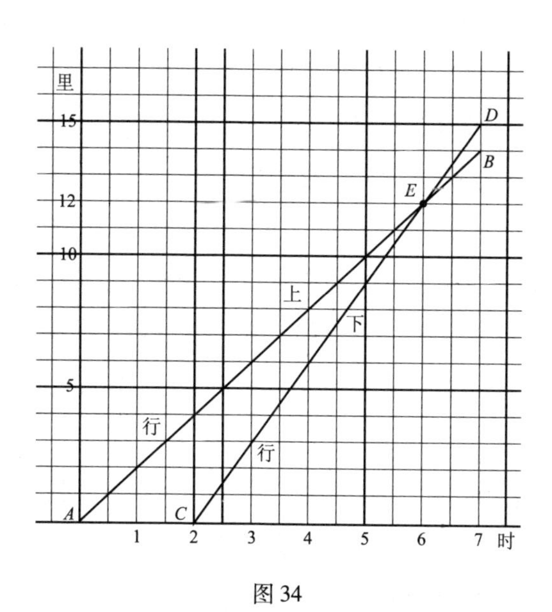

图 34

真的！这一来是更好了一点儿！由此可以知道，学习真是不容易．古人说："开卷有益．"我感到"听讲有益"，就是自己已经知道了的，有机会也得多多听取别人的意见．

8

年龄的关系

“你们会猜谜吗?”马先生出乎意料地提出这么一个问题，大概是因为问题来得突兀，大家都默然.

“据说从前有个人出了个谜给人猜，那谜面是一个‘日’字，猜杜诗一句，你们猜是什么句子?”说完，马先生便呆立着望向大家.

没有一个人回答.

“无边落木萧萧下.”马先生说，“怎样解释呢?这就说来话长了，中国在晋以后分成南北朝，南朝最初是宋，宋以后是萧道成所创的齐，齐以后是萧衍所创的梁，梁以后是陈霸先所创的陈.‘萧萧下’就是说，两朝姓萧的皇帝之后，当然是‘陈（陳）’.‘陳’字去了左边是‘東’字,‘東’字去了‘木’字便只剩‘日’字了.这样一解释，这谜好像真不错，但是出谜的人可以妙手偶得之，而猜的人却只好暗中摸索了.”

这虽然是一个有趣的故事，但我，也许不只我，始终不明白马先生在讲算学时突然提到它有什么用意，只得静静地等待他的讲解了.

"你们觉得我提出这故事有点儿不伦不类吗？其实，一般教科书上的习题，特别是四则应用问题一类，倘若没有例题，没有人讲解、指导，对于学习的人，也正和谜面一样，需要你自己去摸索．摸索本来不是正当办法，所以处理一个问题，必须有一定步骤．要理解问题中所包含而没有提出的事实或算理的条件．

"比如，这次要讲的年龄关系的题目，大体可分两种，即每题中或是说到两个以上的人的年龄，要求它们的或从属关系成立的时间，或是说到他们的年龄或从属关系而求得他们的年龄．

"但这类题目包含两个事实以上的条件，题目上总归不会提到的．其一，两人年龄的差是从他们出生起就一定不变的；其二，每多一年或少一年，两人便各长一岁或小一岁．不懂得这个事实，这类的题目便难于摸索了．这正如上面所说的谜语，别人难于索解的原因，就在不曾把两个'萧'，看成萧道成和萧衍．话虽如此，毕竟算学不是猜谜，只要留意题上没有明确提出的，而事实上存在的条件，就不至于暗中摸索了．闲言表过，且提正文．"

例一 当前，父年三十五岁，子年九岁，几年后父年是子年的三倍？

写好题目，马先生说："不管三七二十一，我们先把表示父和子的年岁的两条线画出来．在图上，横轴表示岁数，纵轴表示年数．父现在年 35 岁，以后每过一年增加一岁，用 AB 线表示．子现在年 9 岁，以后也是每过一年增加一岁，用 CD 线表示．

"过 5 年，父年几岁？子年几岁？"

"父年 40 岁，子年 14 岁．"这是谁都能回答上来的．

"过 11 年呢？"

"父年 46 岁，子年 20 岁．"还是谁都能回答上来的．

"怎样看出来的？"马先生问．

"从 OY 线上记有 5 的那点横看到 AB 线得 E 点，再往下看，就得

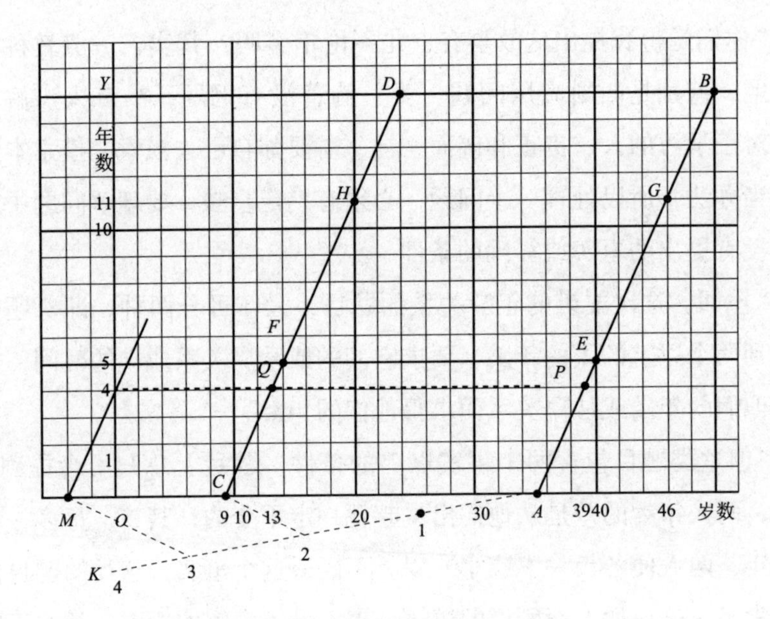

图 35

40，这是 5 年后父的年岁．又看到 CD 线得 F 点，再往下看得 14，就是 5 年后子的年岁．”我回答．

“从 OY 线上记有 11 的那点横看到 AB 线得 G 点，再往下看，就得 46，这是 11 年后父的年岁．又看到 CD 线得 H 点，再往下看得 20，就是 11 年后子的年岁．”周学敏抢着，而且故意学着我的语调回答．

“对了！”马先生高叫一句，突然愣住．

“$5E$ 是 $5F$ 的 3 倍吗？”马先生问后，大家摇摇头．

“$11G$ 是 $11H$ 的 3 倍吗？”仍是一阵摇头，不知为什么今天只有周学敏这般高兴，扯长了声音回答：“不——是——”

“现在就是要找在 OY 上的哪一点到 AB 的距离是到 CD 的距离的 3 倍了．当然我们还是应当用画图的方法，不可硬用眼睛看．等分线段的方法，还记得吗？在讲除法的时候讲过的．”

王有道说了一段等分线段的方法．

接着，马先生说：“先随意画一条线 AK，从 A 起在上面取 $A1$、12、

23 相等的三段．连 C2，过 3 作线平行于 C2，与 OA 交于 M. 过 M 作线平行于 CD，与 OY 交于 4，这就得了．”

4 年后，父年 39 岁，子年 13 岁，正是父年 3 倍于子年，而图上的 4P 也恰好 3 倍于 4Q，真是奇妙！然而为什么这样画就行了，我却不太明白．

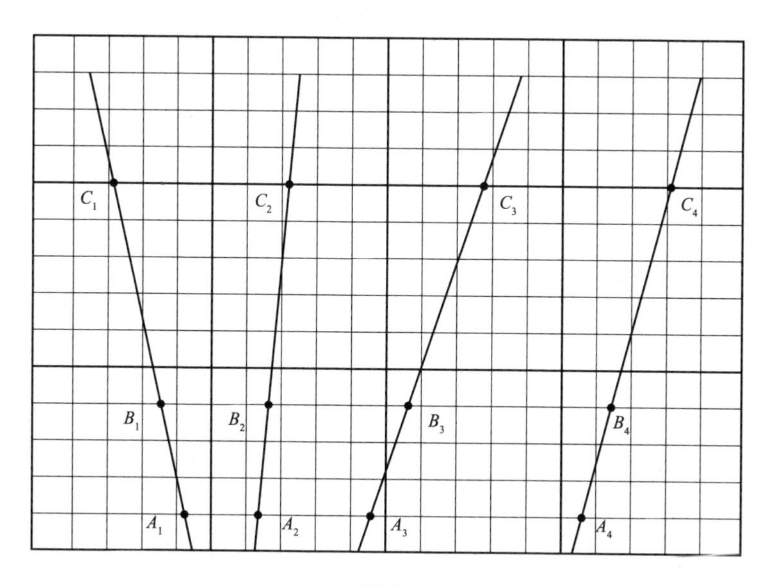

图 36

马先生好像知道我的心事一般：“现在，我们应当考求这个画法的来源．”他随手在黑板上画出上图，要我们看了回答 B_1C_1、B_2C_2、B_3C_3、B_4C_4，各对于 A_1B_1、A_2B_2、A_3B_3、A_4B_4 的倍数是否相等．当然，谁也可以看得出来这倍数都是 2.

大家回答了以后，马先生说：“这就是说，一条线被平行线分成若干段，无论这条线怎样画，这些段数的倍数关系都是相同的．所以 4P 对于 4Q，和 MA 对于 MC，也就和 3A 对于 32 的倍数关系是一样的．”

这我就明白了．

“假如，题上问的是 6 倍，怎么画?”马先生问．

“在 AK 上取相等的 6 段，连 C5，画 6M 平行于 C5.”王有道回答．

这，现在我也明白了，因为 OY 到 AB 的距离，无论是 OY 到 CD 的距离的多少倍，但 OY 到 CD，总是这距离的一倍，因而总是将 AK 上的倒数第二点和 C 相连，而过末一点作线和它平行.

至于这题的算法，马先生叫我们据图加以探究，我们看出 CA 是父子年岁的差，和 QP、FE、HG 全一样. 而当 $4P$ 是 $4Q$ 的 3 倍时，MA 也是 MC 的 3 倍，并且在这地方 $4Q$、MC 都是所求的若干年后的子年. 因此得下面的算法：

$$(35-9)\div(3-1)-9=4$$

⋮　⋮　⋮　⋮　⋮　⋮

OA　OC　$A3$　32　OC　MO（$C4$）

⋮　⋮　⋮　⋮　⋮　⋮

（父年 - 子年）÷（倍数 - 1）- 子年 = 年数（所求）

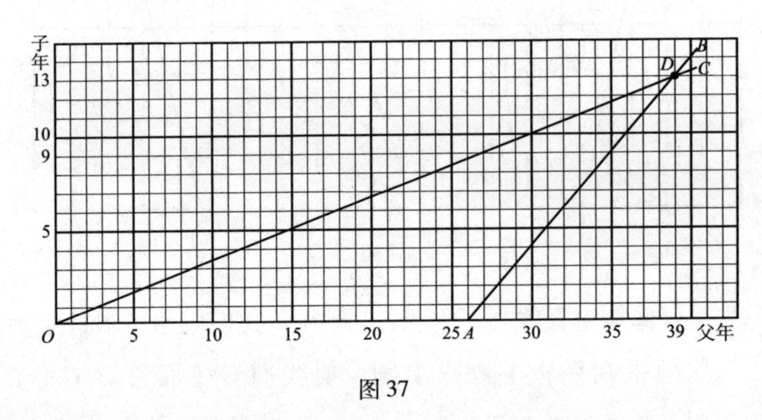

图 37

讨论完毕以后，马先生一句话不说，将图 37 画了出来，指定周学敏去解释.

我倒有点儿幸灾乐祸的心情，因为他学过我，但事后一想，这实在无聊. 他的算学虽不及王有道，这次却讲得很有条理，而且真是简单、明白. 下面的一段，就是周学敏讲的，我一字没改记在这里以表忏悔！

别解：

“父年 35 岁，子年 9 岁，他们相差 26 岁，就是这个人 26 岁时生这儿子，所以他 26 岁时，他的儿子是 0 岁．以后，每过一年，他大一岁，他的儿子也大一岁．依差一定的表示法，得 AB 线．题上要求的是父年 3 倍于子年的时间，依倍数一定的表示法得 OC 线，两线相交于 D. 依交叉原理，D 点所示的，便是合于题上的条件时，父子各人的年岁：父年 39，子年 13. 从 35 到 39 和从 9 到 13 都是 4，就是 4 年后父年正好是子年的 3 倍．”

对于周学敏的解说，马先生也非常满意，他评价了一句：“不错!”就写出例二．

例二　当前，父年三十六岁，子年十八岁，几年后父年是子年的三倍?

这题看上去自然和例一完全相同．马先生让我们各自依样画葫芦，但一动手，便碰了钉子，过 M 所画的和 CD 平行的线与 OY 却交在下面 9 的地方．这是怎么一回事呢?

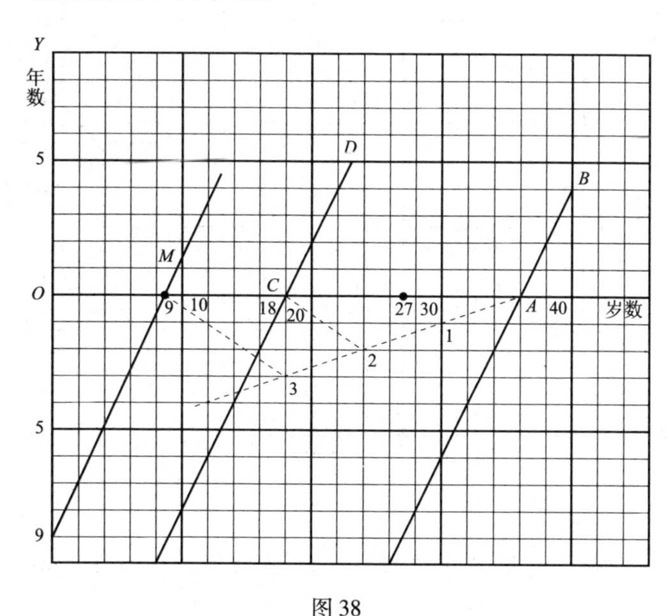

图 38

马先生始终让我们自己去做，一声不吭．后来我从这 9 的地方横看到 AB，再竖看上去，得父年 27 岁；而看到 CD，再竖看上去，得子年 9

岁，正好父年是子年的3倍．到此我才领悟过来，这在下面的9，表示的是9年以前．而这个例题完全是马先生有意弄出来的．这么一来，我还知道几年前或几年后，算法全是一样，只是减的时候，被减数和减数不同罢了．本题的计算应当是：

$$\begin{array}{ccccccc} 18- (& 36 & - & 18) \div (& 3 & - 1) = & 9 \\ \vdots & \vdots & & \vdots & \vdots & \vdots & \vdots \\ OC & OA & & OC & A3 & 32 & OM \\ \vdots & \vdots & & \vdots & \vdots & \vdots & \vdots \end{array}$$

子年－（父年－子年）÷（倍数－1）＝年数（已过去）

我试用别的解法做，得图39，*AB* 和 *OC* 的交点 *D*，表明父年27岁时，子年9岁，正是3倍，而从36回到27恰好9年，所以本题的解答是9年以前．

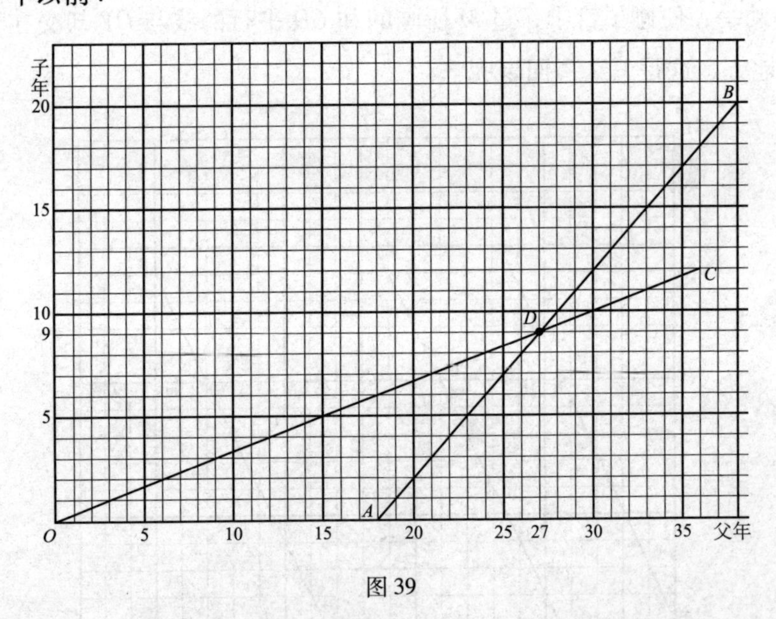

图39

例三　当前，父年三十二岁，一子年六岁，一女年四岁，几年后，父的年岁与子女二人年岁的和相等？

马先生问我们这个题和前两题的不同之处，这是略一——我现在也敢说“略一”了，真是十分欣幸！——思索就知道的，父的年岁每过

一年只增加 1 岁，而子女年岁的和每过一年却增加 2 岁．所以从现在起，父的年岁用 AB 线表示，而子女二人年岁的和用 CD 表示．

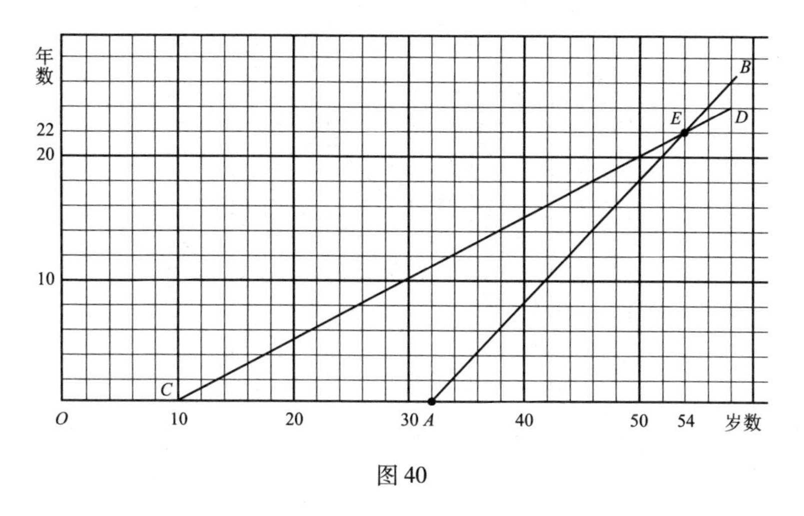

图 40

AB 和 CD 的交点 E，竖看是 54，横看是 22. 从现在起，22 年后，父年 54 岁，子年 28 岁，女年 26 岁，相加也是 54 岁．

至于本题的算法，图 40 上显示得很清楚．CA 表示当前父的年岁同子女俩的年岁的差，往后看去，每过一年这差减少 1 岁，少到了 0，便是所求的时间，所以：

$$[32-(6+4)]\div(2-1)=22$$

（32 即 OA，6 + 4 即 OC）

［父年 －（子年 ＋ 女年）］÷（子女数 －1）= 所求的年数

这题有没有别解，马先生不曾说，我也没有想过，而是王有道将它补出来的．

AB 线表示现在父的年岁同着子女俩的年岁，以后一面逐年增加 1 岁，而另一面增加 2 岁，OC 表示两面相等，即一倍的关系．这都容易想出．只有 AB 线的 A 不在最末一条横线上，这是王有道的巧思，我只好佩服了．据王有道说，他第一次也把 A 点画在 32 的地方，结果不符．

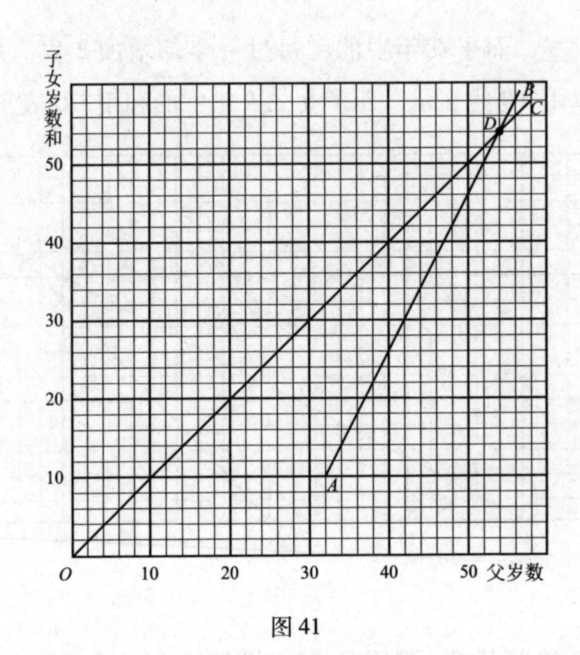

图 41

仔细一想，才知道错得十分可笑. 原来那样画法，是表示父年 32 岁时，子女俩年岁的和是 0. 由此他想到子女俩的年岁的和是 10，就想到 A 点应当在第五条横线上. 虽是如此，我依然佩服!

例四 当前，祖父八十五岁，长孙十二岁，次孙三岁，几年后祖父的年岁是两孙的三倍?

这例题是马先生留给我们做的，参照了王有道的补充前题的别解，我也由此得出它的图来了. 因为祖父年 85 岁时，两孙共年 15 岁，所以得 A 点. 以后祖父加 1 岁，两孙共加 2 岁，所以得 AB 线. OC 是表示定倍数的. 两线的交点 D，竖看得 93，是祖父的年岁；横看得 31，是两孙年岁的和. 从 85 到 93 有 8 年，所以得知 8 年后祖年是两孙年的 3 倍.

本题的算法，是我曾经从一本算学教科书上见到的:

$$[85-(12+3)\times 3]\div[2\times 3-1]=(85-45)\div 5=8$$

它的解释是这样：就当前说，两孙共年（12+3）岁，3 倍是（12+3）×3，比祖父的年岁还少 [85-(12+3)×3]，这差出来的岁数，就需由两孙每年比祖父多加的岁数来填足. 两孙每年共加 2 岁，就 3 倍计

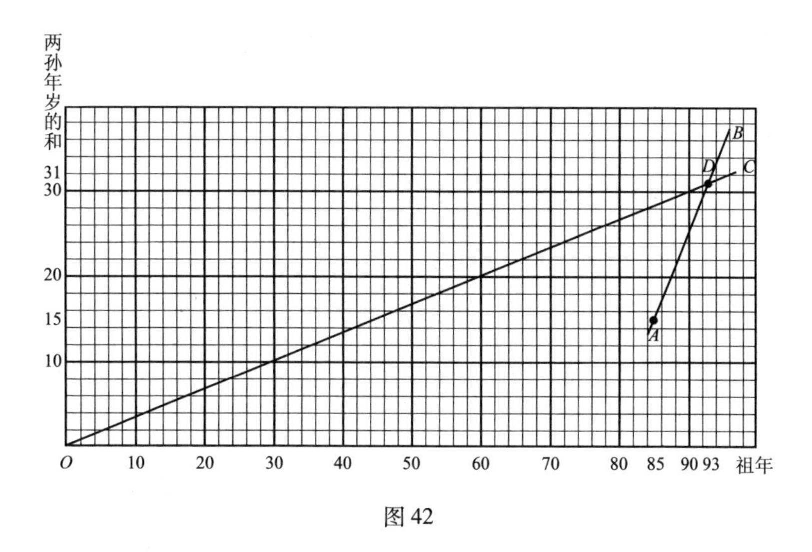

图 42

算，共增加 2×3 岁，减去祖父增加的 1 岁，就是每年多加（2×3－1）岁，由此便得上面的计算法.

这算法能否由图 42 得出来，以及本题照前几例的第一种方法是否可解，我们没有去想，也不好意思去问马先生，因为这好像应当用点儿心自己回答，只得留待将来了.

9

多多少少

“今天有诗一首．”马先生劈头说，随即念了出来：

例一

隔墙听得客分银，

不知人数不知银．

七两分之多四两，

九两分之少半斤．

“纵线用两小段表示 1 个人，横线用一小段表示 2 两银子，这样一来‘七两分之多四两’怎样画？”

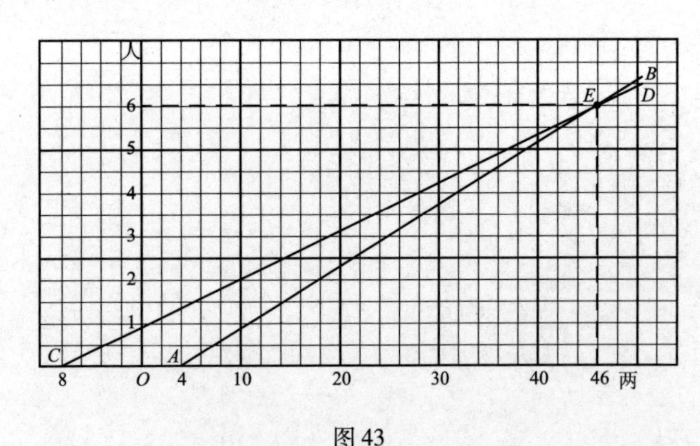

图 43

“先除去 4 两，便是定倍数的关系，所以从 4 两的一点起，照‘纵一横七’画 AB 线．”王有道．

“那么，九两分之少半斤呢?”“少”字说得特别响，这给了我一个暗示，“多四两”在 O 的右边取四两；“少半斤*”就得在 O 的左边取 8 两了，我于是回答：

“从 O 的左边 8 两那点起，依‘纵一横九’，画 CD 线.”

AB 和 CD 相交于 E，从 E 横看得 6 人，竖看得 46 两银子，正合题目.

由图上可以看出，CA 表示多的和少的两数的和，正是 $(4+8)$，而每多一人所差的是 2 两，即 $(9-7)$，因此得算法：

$$(4+8)\div(9-7)=6\cdots\cdots\text{人数}$$

$$7\times6+4=46\cdots\cdots\text{银两数}$$

例二　儿童若干人，分铅笔若干支，每人取四支，剩三支；每人取七支，差六支，平均每人可得几支?

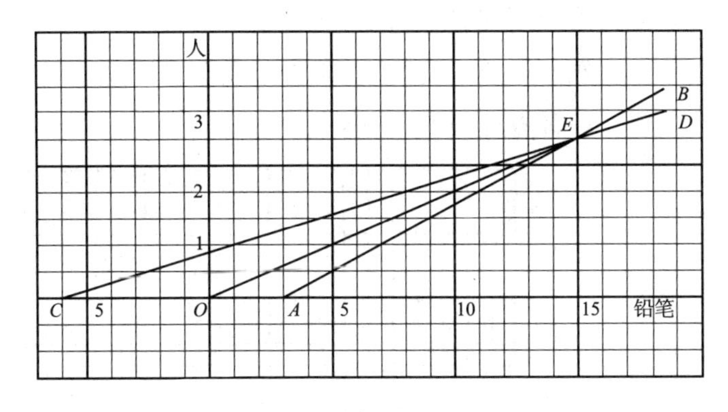

图 44

马先生命大家先将求儿童人数和铅笔支数的图画出来，这只是依样画葫芦，自然手到即成. 大家画好以后，他说：“将 O 和交点 E 连起来.”接着又问：

“由这条线上看去，一个儿童得多少支铅笔?”

啊！多么容易呀！3 个儿童，15 支铅笔. 每人 4 支，自然剩 3 支；每人 7 支，差 6 支，而平均正好每人 5 支.

---

* 此处“半斤”指的是十六两制的半斤，即八两.

10 鸟兽同笼问题

一听到马先生说“这次来讲鸟兽同笼问题”，我便知道是鸡兔同笼这一类了．

例一 鸡、兔同一笼共十九个头，五十二只脚，求鸡、兔各有几只？

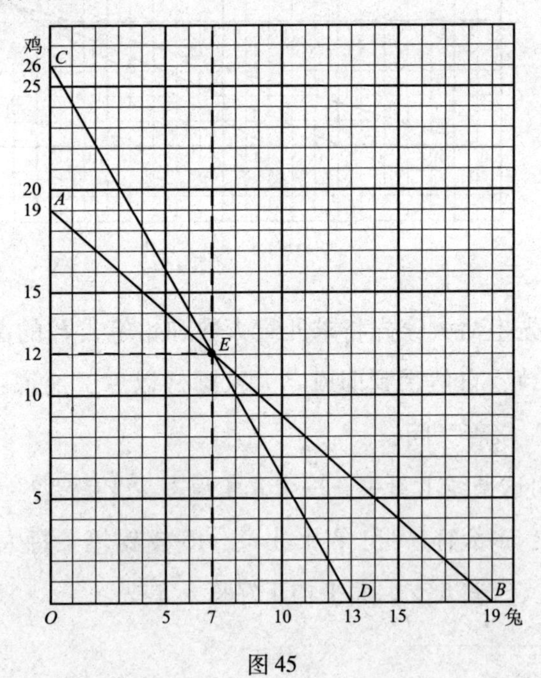

图 45

不用说，这题目包含一个事实条件，鸡是2只脚，而兔是4只脚.

“依头数说，这是和一定的关系.”马先生一边说，一边画*AB*线.

“但若就脚来说，两只鸡的才等于一只兔的，这又是定倍数的关系. 假设全是兔，兔应当有13只；假设全是鸡，就应当有26只. 由此得*CD*线，两线交于*E*. 竖看得7只兔，横看得12只鸡，这就对了.”

7只兔，28只脚；12只鸡，24只脚，一共正好52只脚.

马先生说：“这个想法和通常的算法正好相反，平常都是假设头数全是兔或鸡，是这样算的：

$$(4\times19-52)\div(4-2)=12\cdots\cdots\text{鸡}$$

$$(52-2\times19)\div(4-2)=7\cdots\cdots\text{兔}$$

“这里却假设脚数全是兔或鸡而得*CD*线，但试从下表一看，便没有什么想不通了. 图45中*E*点所示的一对数，正是两表中所共有的.

“就头说，总数是19，——*AB*线上的各点所表示的：

鸡	兔
0	19
1	18
2	17
3	16
4	15
5	14
6	13
7	12
8	11
9	10
10	9
11	8
12	7
13	6
14	5
15	4
16	3
17	2
18	1
19	0

“就脚说，总数是52，——*CD*线上各点所表示的：

鸡	兔
0	13
2	12
4	11
6	10
8	9
10	8
12	7
14	6
16	5
18	4
20	3
22	2
24	1
26	0

“一般的算法，自然不能由这图上推想出来，但中国的一种老算法，却从这图上看得清清楚楚，那算法是这样的：

“将脚数折半，OC 所表示的，减去头数，OA 所表示的，便得兔的数目，AC 所表示的．”

这类题，马先生说还可归到混合比例去算，以后拿这两种算法来比较，更有趣味，所以不多讲．

例二　鸡、兔共二十一只，脚的总数相等，求各有几只？

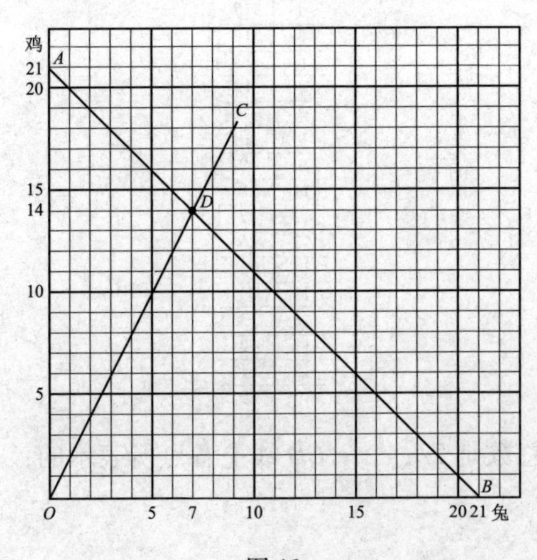

图 46

照前例用 AB 线表示和一定，总头数 21 的关系 .

因为鸡和兔脚的总数相等，不用说，鸡的只数是兔的只数的 2 倍了. 依定倍数的表示法作 OC 线 .

由 OC 和 AB 的交点 D 得知兔是 7 只，鸡是 14 只 .

例三　小三子替别人买邮票，要买四分和二分的各若干张，他将数目说反了，二块八角钱找回二角，原来要买的数目是多少?

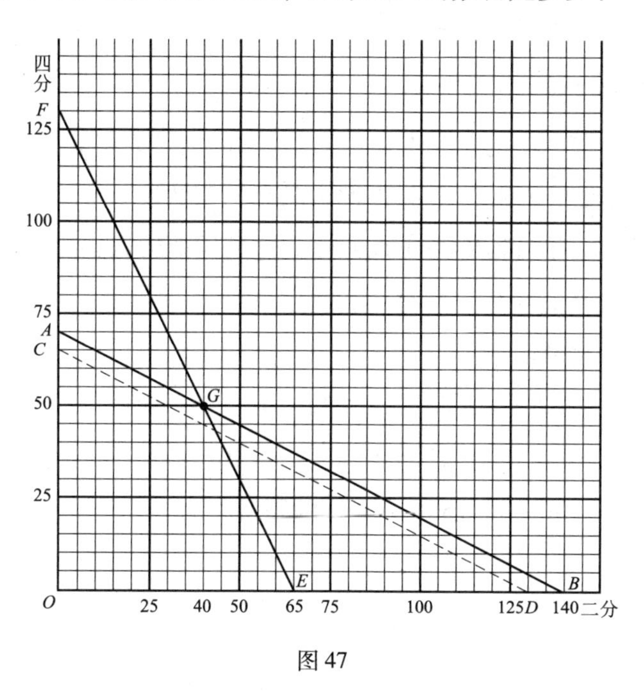

图 47

“对比例一来看，这道题怎样?”马先生问 .

“只有脚，没有头 .”王有道很滑稽地说 .

“不错!”马先生笑着说，“只能根据脚数表示两种张数的倍数关系. 第一次的线怎么画?”

“全买 4 分的，共 70 张；全买 2 分的，共 140 张，得 AB 线 .”王有道 .

“第二次的呢?”

“全买 4 分的，共 65 张；全买 2 分的，共 130 张，得 CD 线 .”周学敏．但是 AB、CD 没有交点，大家都呆着脸望着马先生．

马先生说："照几何上的讲法，两条线平行，它们没有交点，这次真是'差之毫厘，失之千里'了．小三子把别人的数弄反了，你们却把小三子的数弄倒了头了．"他将 CD 线画成 EF，得交点 G. 横看，4 分的 50 张，竖看 2 分的 40 张，总共恰好 2 元 8 角．

马先生要我们离开了图来想算法，给我们这样提示："假如别人另外给二元六角钱要小三子重新去买，这次他总算没有弄反．那么，这人各买到邮票多少张?"

不用说，前一次的差是 1 和 2，这一次的便是 2 和 1；前次的差是 3 和 5，这次的便是 5 和 3. 这人的两种邮票的张数便一样了．

但是总共用了（2.8 + 2.6）元钱，这是周学敏想到的．

每种一张共值（4 + 2）分，我提出这个意见．

跟着，算法就明白了．

$(2.8+2.6)\div(4+2)=90$……总张数

$(4\times90-280)\div(4-2)=40$……2 分的张数

$90-40=50$……4 分的张数

11

分工合作

关于计算工作的题目，它对我来说一向是有点儿神秘感的．今天马先生一写出这个标题，我便很兴奋．

“我们先讲原理吧！”马先生说，“其实，拆穿西洋镜的原理也很简单．工作，只是劳力、时间和效果三项的关联．费了多少力气，经过若干时间，得到什么效果，所谓工作的问题，不过如此．想透了，和运动的问题毫无两样，速度就是所费力气的表现，时间不用说就是时间，而所走的距离，正是所得到的效果．”

真奇怪！一经说明，我也觉得运动和工作是同一件事了，然而平时为什么想不到呢？

马先生继续说道：“在等速运动中，基本的关系是：

“距离 = 速度 × 时间．

“而在均一的工作中——所谓均一的工作，就是经过相同的时间，所做的工相等——基本的关系，便是：

“工作总量 = 工作效率 × 工作时间．

“现在还是转到问题上去吧．”

例一　甲四日可完成的事，乙需十日才能完成．若两人合做，一天可完成多少？几天可以做完？

不用说，这题的作图和关于行路的，骨子里没有两样．我们所踌躇的，就是行路的问题中，距离有数目表示出来，这里却没有，应当怎样处理呢？但这困难马上就解决了，马先生说：

“全部工作就算 1，无论用多长表示都可以．不过为了易于观察，无妨用一小段作 1，而以甲、乙二人做工的日数 4 和 10 的最小公倍数 20 作为全部工作．试用竖的表示工作，横的表示日数——两小段 1 日——甲、乙各自的工作线怎么画?”

到了这一步，我们没有一个人不会画了．*OA* 是甲的工作线，*OB* 是乙的工作线．大家画好后争着给马先生看，其实他已知道我们都会画了，眼睛并不曾看到每个人的画上，尽管口里说“对的，对的”．大家回到座位上后，马先生便问：

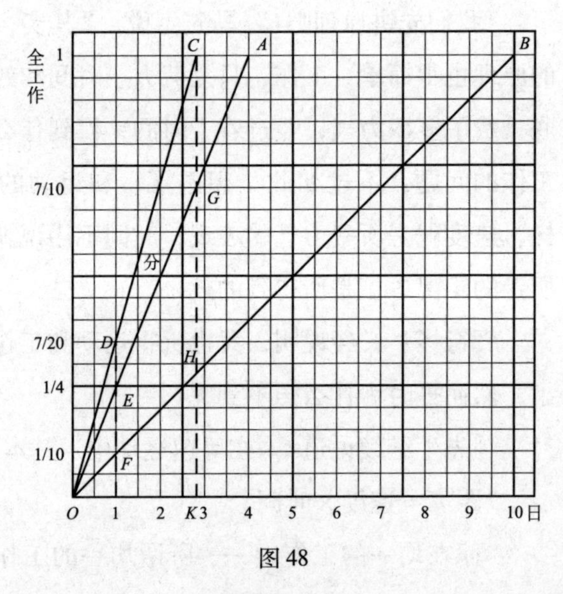

图 48

“那么，甲、乙每人一日做多少工作?”

图上表示得很清楚，*1E* 是 1/4，*1F* 是 1/10.

“甲一天做 1/4，乙一天做 1/10.”差不多是全体同声回答．

“现在就回到题目上来，两人合做一日，完成多少?”马先生问．

“7/20.” 王有道回答.

“怎么知道的?” 马先生望着他.

“1/4 加上 1/10，就是 7/20.” 王有道.

“这是算出来的，不行.” 马先生.

这可把我们难住了.

马先生笑着说：“人的事，往往如此，极容易的，常常使人发呆，感到不知所措. $1E$ 是甲一日完成的，$1F$ 是乙一日完成的，把 $1F$ 接在 $1E$ 上，得 D 点，$1D$ 不就是两人合做一日所完成的吗?”

不错，从 D 点横着一看，正是 7/20.

“那么，试把 OD 连起来，并且引长到 C，与 OA、OB 相齐. 两人合做两日完成多少?” 马先生问.

“14/20.” 我回答.

“就是 7/10.” 周学敏加以修正.

“半斤自然是八两，现在我们倒不必管这个.” 马先生说得周学敏有点儿难为情了，“几天可以完成?”

“3 天不到.” 王有道.

“为什么?” 马先生.

“从 C 看下来是 $2\frac{8}{10}$ 的样子.” 王有道.

“为什么从 C 看下来就是呢? 周学敏!” 马先生指定他回答.

我倒有点儿替他着急，然而出乎意料，他立刻回答道：

“均一的工作，每天完成的工作量是一样的，所以若干天完成的工作量和一天完成的工作量，是定倍数的关系. OC 线正表示这关系，C 点又在表示全工作的横线上，所以 OK 便是所求的日数.”

“不错! 讲得很透彻!” 马先生非常满意.

周学敏进步得真快! 下课后，因为钦敬他的进步，我便找他一起去散步. 边散步，边谈，没说几句话，就谈到算学上去了. 他说，感觉我这几天像是个“算学迷”，这样下去会成“算学疯子”的．不知道他是不是在和我开玩笑，不过这十几天，对于算学我深感舍弃不下，却是真情．我问他，为什么进步这么快，他却不承认有什么大的进步，我便说：

“有好几次，你回答马先生的问话，都完全正确，马先生不是也很满意吗?”

“这不过是听了几次讲课以后，我就找出马先生的法门来了．说来说去，不外乎三种关系：一、和一定；二、差一定；三、倍数一定．所以我就只从这三点上去想．”周学敏这样回答．

对于这回答，我非常高兴，但不免有点儿惭愧，为什么同样听马先生讲课，我却不会捉住这法门呢？而且我也有点儿怀疑：“这法门一定灵吗?”

我便这样问他，他想了想：“这我不敢说．不过，过去都灵就是了，抽空我们去问问马先生．”

我真是对数学着迷了，立刻就拉着他一同去．走到马先生的房里，他正躺在藤榻上冥想，手里拿着一把蒲扇，不停地摇，一见我们便笑着问道：

“有什么难题了，是不是?”

我看了周学敏一眼，周学敏说：“听了先生这十几节课，觉得说来说去，总是和一定、差一定、倍数一定，是不是所有的问题都逃不出这三种关系呢?”

马先生想了想：“就问题的变化上说，自然是如此．”

这话我们不是很明白，他似乎看出来了，接着说：“比如说，两人年岁的差一定，这是从他们一生下来就可以看出来的．又比如，走的路程和速度是定倍数的关系，这也是从时间的连续中看出来的．所以说就问题的变化上说，逃不出这三种关系．”

“为什么逃不出?”我大胆地提出疑问，心里有些忐忑．

“不是为什么逃不出，是我们不许它逃出．因为我们对于数量的处理，在算学中，只有加、减、乘、除四种方法．加法产生和，减法产生差，乘、除法产生倍数．”

我们这才明白了．后来又听马先生谈了些别的问题，我们就出来了．因为这段话是理解算学的基本，所以我补充在这里．现在回到本题的算法上去，这是没有经马先生讲解，我们都知道了的．

$$1 \div \left(\frac{1}{4}+\frac{1}{10}\right)=2\frac{6}{7}$$

全工作　甲一日工作　乙一日工作　时间

马先生提示一个别解法，更是妙：“把工作当成行路一般看待，那么，这问题便可看成甲从一端动身，乙从另一端动身，两人几时相遇一样．”

当然一样呀！我们不是可以把全部工作看成一长条，而甲、乙各从一端相向进行工作，如卷布一样吗？

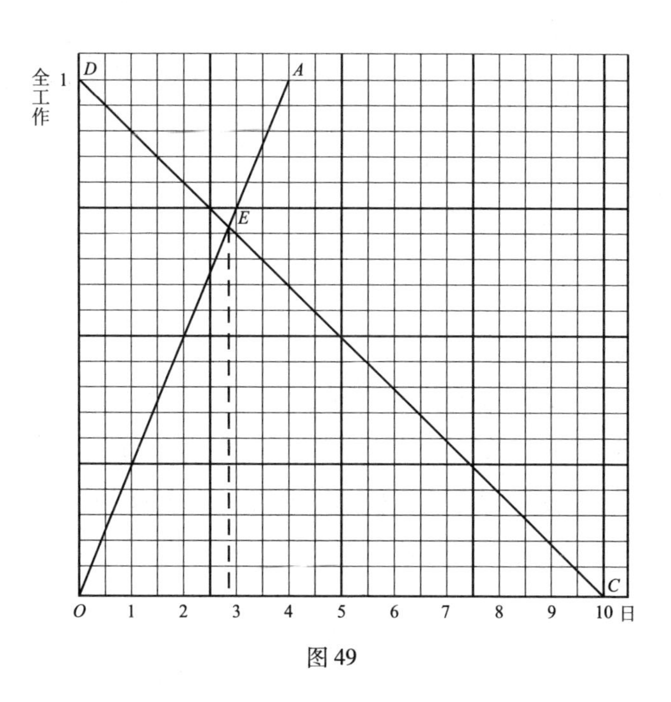

图 49

这一来，图解法和算法更是容易思索了．图中 OA 是甲的工作线，CD 是乙的，OA 和 CD 交于 E. 从 E 看下来仍是 $2\frac{8}{10}$多一点．

例二　一水槽装有进水管和出水管各一支，进水管八点钟可流满，出水管十二点钟可流尽，若两管同时打开，几点钟可流满？

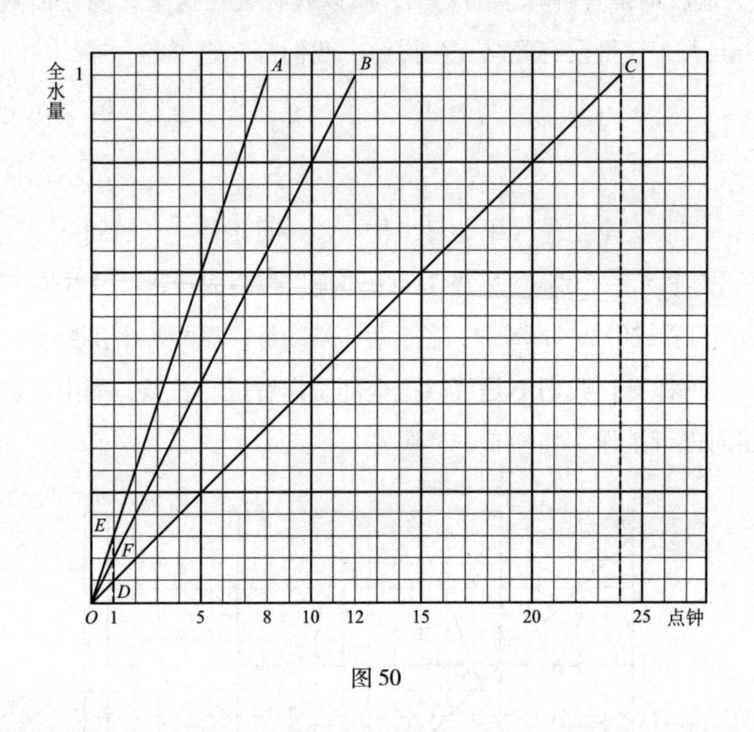

图 50

这题和例一的不同，事实上一想便可明白，每点钟槽里储蓄的水量，是两水管流水量的差．而例一作图时，将 $1F$ 接在 $1E$ 上得 D，$1D$ 表示甲、乙工作的和．这里自然要从 $1E$ 截下 $1F$ 得 $1D$，表示两水管流水的差．流水就是水管在工作呀！所以 OA 是进水管的工作线，OB 是出水管的工作线，OC 便是它们俩的工作差，而表示定倍数的关系．由 C 点看下来得 24 点钟，算法如下：

$$\begin{array}{ccccccccc} 1 & \div & \left(\right. & \dfrac{1}{8} & - & \dfrac{1}{12} & \left. \right) & = & 24 \\ \vdots & & & \vdots & & \vdots & & & \vdots \\ \text{全工作} & & & \text{进水} & & \text{出水} & & & \text{时间} \end{array}$$

当然，这题也可以有一个别解．我们可以想象为，出水管距入水管有一定的路程，两人同时动身，进水管从后面追出水管，求什么时候能追上．*OA* 是出水管的工作线，*1C* 是进水管的工作线，它们相交于 *E*，横看过去正是 24 小时．

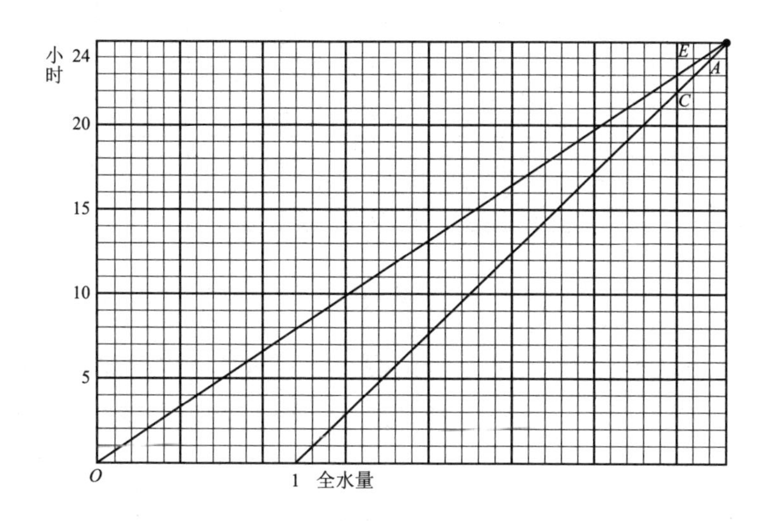

图 51

例三　甲、乙二人合做十五日完工，甲一人做二十日完工，乙一人做几日完工？

“这只是由例一推演的玩意儿，你们应当会做了．”结果马先生指定我画图和解释．

不过是例一的图中先有了 *OA*、*OC* 两条线而求画 *OB* 线，照前例，所取的 *ED* 应在 1 日的纵线上且应等于 *1F*. 依 *ED* 取 *10F* 便可得 *F* 点，连 *OF* 引长便得 *OB*. 在我画图的时候，本是照这样在 1 日的纵线上取 *1F* 的．但马先生说，那里太窄了，容易画错，因为 *OA* 和 *OC* 间的纵线

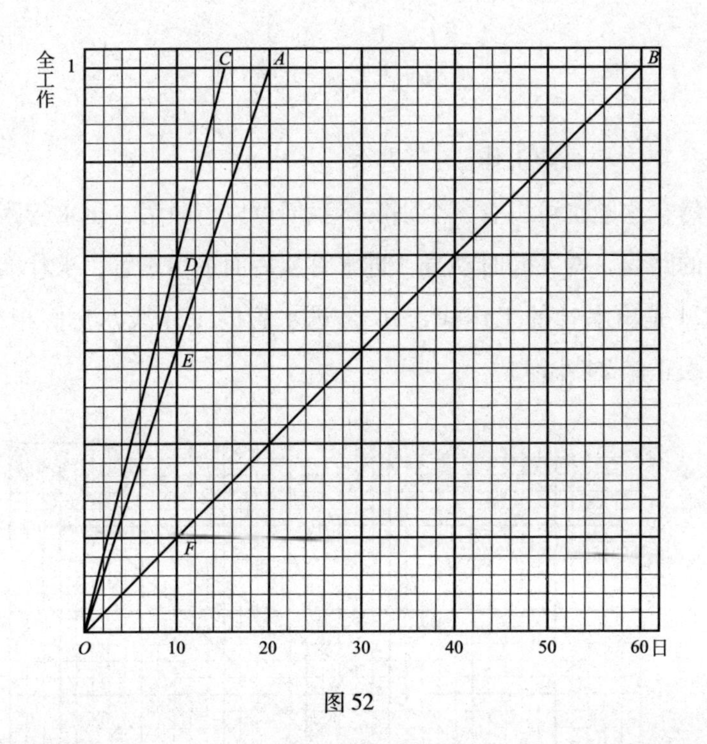

图 52

距离和同一纵线上 OB 到横线的距离总是相等的，所以无妨在其他地方取 F. 就图看去，在 10 这点，向上到 OA、OC，相隔正好是五小段．我就从 10 向上五小段取 F，连 OF 引长到与 C、A 相齐，竖看下来是 60. 乙要做 60 日才能做完．对于这么大的答数，我有点儿放心不下，好在马先生没有说什么，我就认为对了．后来计算的结果，确实是要 60 日才做完．

$$1 \div \left(\frac{1}{15} - \frac{1}{20} \right) = 60$$

全工作　合做　甲独做　乙独做日数

本题照别的解法做，那就和这样的题目相同：

甲、乙二人由两地同时动身，相向而行，十五小时后在途中相遇，甲走完全路需二十小时，乙走完全路需几小时?

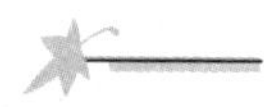

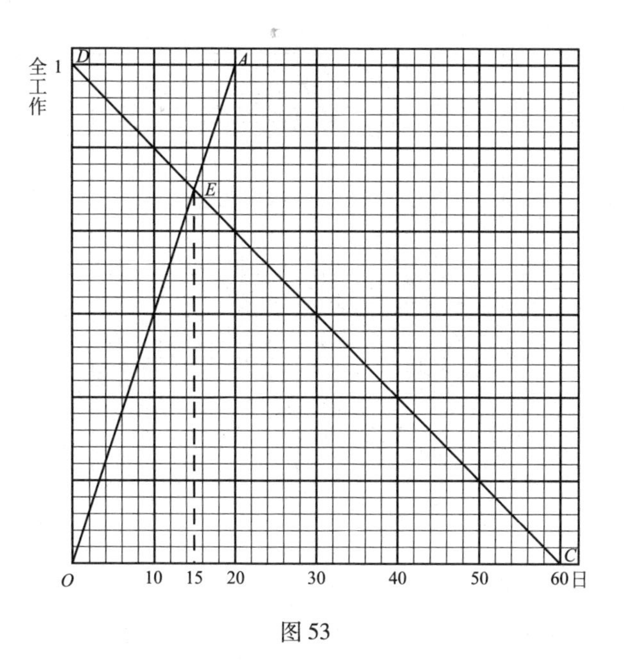

图 53

先作 OA 表示甲的工作，再从十五时这点画纵线和 OA 交于 E 点，连 DE 引长到 C，便得六十日 .

例四 甲、乙二人合做一工，五日完成三分之一，其余由乙独做，十六日完成，甲、乙独做全工各需几日？

“这题难不难?”写完题，马先生这样问 .

“难者不会，会者不难 .”周学敏很顽皮地回答 .

“你是难者，还是会者?”马先生跟着问周学敏 .

“二人合做，5 日完成 1/3，5 日和工作 1/3 的两条线交于 K，连 OK 引长得 OC，这是两人合做的工作线，所以两人合做共需 15 日 .”周学敏 .

“最后一句是不必要的 .”马先生加以纠正 .

“从 5 日后 16 日共是 21 日，21 日这点的纵线和全工作这点的横线交于 H，连 KH 便是乙接着独做 16 日的工作线 .”

“对的!”马先生赞赏地说 .

“过 O 作 OA 和 KH 平行，这是乙一人独做全工作的工作线，他 24

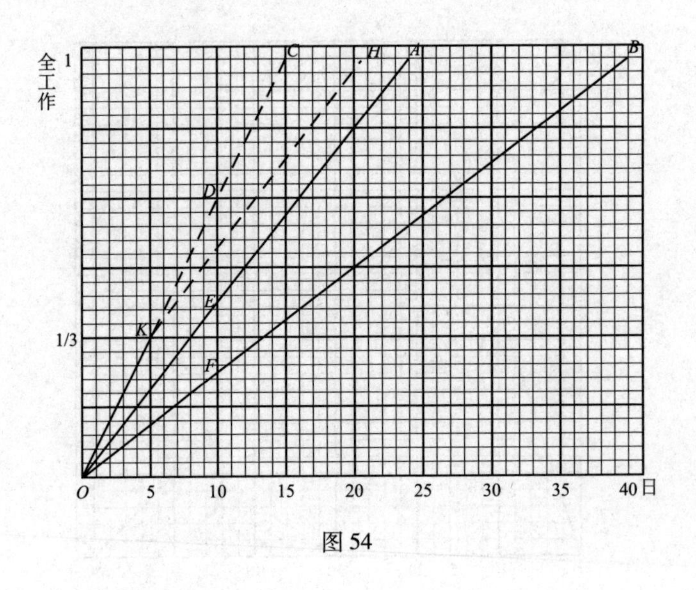

图 54

日做完.”周学敏说完停住了.

“还有呢?”马先生催促他.

“在 10 日这点的纵线上量 OC 和 OA 的距离 ED，从 10 这点起量 $10F$ 等于 ED，得 F 点. 连 OF 并且引长，得 OB，这是甲的工作线，他一人独做需 40 日.”周学敏真是有了可惊的进步，他的算学从来不及王有道呀!

马先生夸奖他说:“周学敏，你已经掌握了解决问题的锁钥了.”

这题当然也可用别的解法做，不过和前面几题大同小异，所以略去，至于它的算法，那就是:

$$1 \div \left(\frac{2}{3} \div 16\right) = 24$$

全工作　乙独做的　乙独做全工的日数

$$1 \div \left(\frac{1}{5\times 3} - \frac{1}{24}\right) = 40$$

全工作　合做　乙做　甲独做全工的日数

例五 甲、乙、丙三人合做一工程，八日做完一半．由甲、乙二人继续，又是八日完成剩余的五分之三．再由甲一人独做，十二日完成．甲、乙、丙独做全工，各需几日？

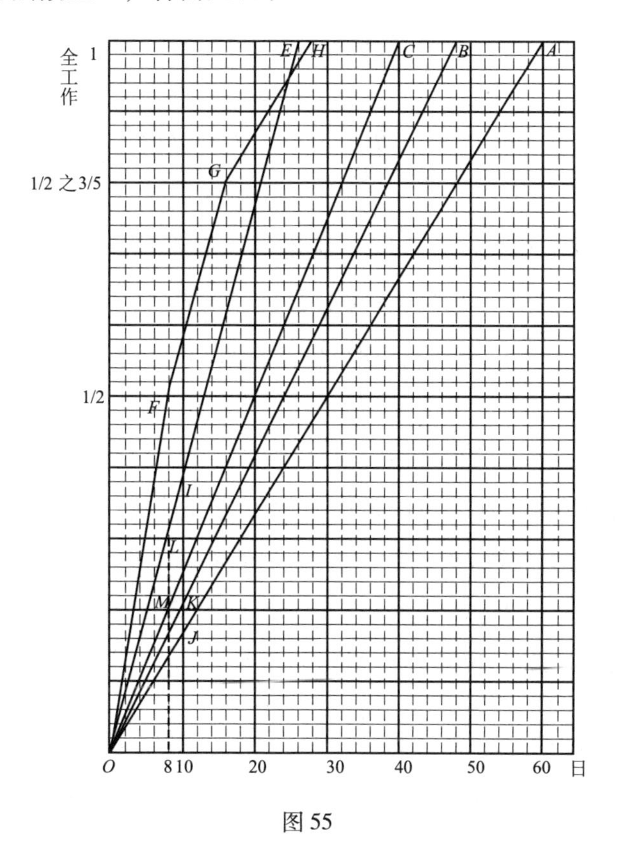

图 55

马先生写完题，王有道随口说："越来越复杂．"

马先生听了含笑说："应当说越来越简单呀！"

大家都不说话，题目明明复杂起来了，马先生却说"应当说越来越简单"，岂非奇事．然而他的解说是："前面几个例题的解法，如果已经彻底明了了，这个题不就只是照抄老文章便可解决了吗？有什么复杂呢？"

这自然是没错的，不过抄老文章罢了！

（1）先依8日做完一半这个条件画 OF，是三人合做8日的工作线，也是三人合做的工作线的方向．

（2）由 F 起，依 8 日完成剩余工作的 3/5 这个条件，作 FG，这便表示甲、乙二人合做的工作线的方向．

（3）由 G 起，依 12 日完成这条件，作 GH，这便表示甲一人独做的工作线的方向．

（4）过 O 作 OA 平行于 GH，得甲一人独做的工作线，他要 60 日才做完．

（5）过 O 作 OE 平行于 FG，这是甲、乙二人合做的工作线．

（6）在 10 这点的纵线和 OA 交于 J，和 OE 交于 I. 照 $10J$ 的长，由 I 截下来得 K，连 OK 并且引长得 OB，就是乙一人独做的工作线，他要 48 日完成全工．

（7）在 8 这点的纵线和甲、乙合做的工作线 OE 交于 L，和三人合作的工作线 OF 交于 F. 从 8 起在这纵线上截 $8M$ 等于 LF 的长，得 M 点. 连 OM 并且引长得 OC，便是丙一人独做的工作线，他 40 日就可完成全部工作了．

作图如此，算法也易于明白．

$$\text{甲独做：}\quad \underset{\text{全工作}}{1} \div \Bigg[\underbrace{\Big(\underset{\text{残余一半}}{\frac{1}{2}} - \underset{\text{甲乙合做的}}{\frac{3}{5}\times\frac{1}{2}}\Big)\div 12}_{\text{甲一人一日的工作}}\Bigg] = \underset{\text{日数}}{60}$$

$$\text{乙独做：}\quad \underset{\text{全工作}}{1} \div \Big(\underset{\text{甲乙合做一日}}{\frac{3}{5}\times\frac{1}{2}\div 8} - \underset{\text{甲做一日}}{\frac{1}{60}}\Big) = \underset{\text{日数}}{48}$$

$$\text{丙独做：}\quad \underset{\text{全工作}}{1} \div \Big(\underset{\text{三人合做一日}}{\frac{1}{2}\div 8} - \underset{\text{甲乙合做一日}}{\frac{3}{5}\times\frac{1}{2}\div 8}\Big) = \underset{\text{日数}}{40}$$

例六 一工程，甲、乙合做 8/3 日完成，乙、丙合做 16/3 日完成，甲、丙合做 16/5 日完成，一人独做各几日完成？

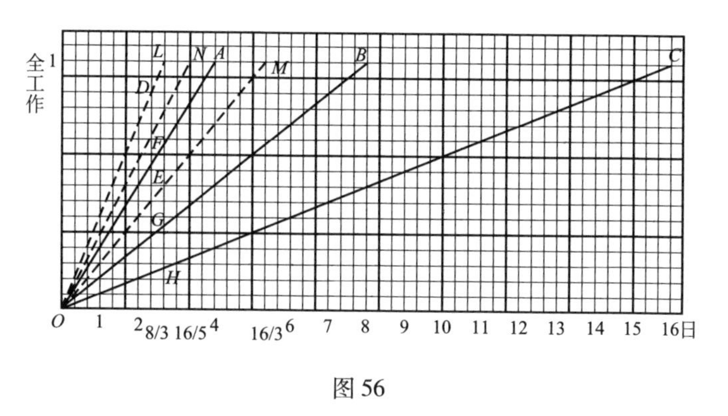

图 56

“这倒是真正地越来越复杂，老文章不好直抄了.” 马先生说.

“不管三七二十一，先把每两人合做的工作线画出来.” 没有人回答，马先生接着说.

这自然是抄老文章，*OL* 是甲、乙的工作线，*OM* 是乙、丙的工作线，*ON* 是甲、丙的工作线，马先生叫王有道在黑板上画了出来. 随手他将在 *L* 点的纵线和 *ON*、*OM* 的交点涂了涂，写上 *D* 和 *E*.

“*LD* 表示什么？”

“乙、丙的工作差.” 王有道.

“好，那么从 *E* 在这纵线上截去 *LD* 得 *G*，8/3 到 *G* 是什么？”

“乙的工作.” 周学敏.

“所以，连 *OG* 并且引长到 *B*，就是乙一人独做的工作线，他要 8 天完成. 再从 *G* 起，截去一个 *LD* 得 *H*，8/3 到 *H* 是什么？”

“丙的工作.” 我回答.

“连 *OH*，引长到 *C*，*OC* 就是丙独自一人做的工作线，他完成全部工作要 16 天.”

“从 *D* 起截去 *8/3H* 得 *F*，*8/3F* 不用说是甲的工作. 连结 *OF*，引长得 *OA*，这是甲一人独做的工作线. 他要几天才能做完全部工程？”

“4 天．”大家很高兴地回答．

这题的算法是如此：

甲独做：$1 \div \left[\left(\frac{3}{8} + \frac{3}{16} + \frac{5}{16}\right) \div 2 - \frac{3}{16}\right] = 4$

甲乙一日做　乙丙一日做　甲丙一日做　乙丙一日做　日数

（乙丙一日做　甲乙丙一日做）

乙独做：$1 \div \left(\frac{3}{8} - \frac{1}{4}\right) = 8$

甲乙一日做　甲一日做　日数

丙独做：$1 \div \left(\frac{5}{16} - \frac{1}{4}\right) = 16$

甲丙一日做　甲一日做　日数

马先生结束这一课说：“这课到此为止．下堂课想把四则问题做一个结束，就是将没有讲到的还常见的题都讲个大概．你们也可提出觉得困难的问题来．其实四则问题，这个名词本不大妥当，全部算术所用的方法除了加、减、乘、除，还有什么？所以，全部算术的问题都是四则问题．”

12 归一法的问题

上次马先生已说过，这次把“四则问题”做一个结束，而且要我们提出觉得困难的问题来．昨天一整个下午，便消磨在搜寻问题上．我约了周学敏一同商量，发现有许多计算法，马先生都不曾讲到，而在已讲过的方法中，也还遗漏了我觉得难解的问题，清算起来一共二三十题．不知道怎样向马先生提出来，因此踌躇了半夜！

真奇怪！马先生好像已明白了我的心理，一走上讲台，便说：“今天来结束所谓‘四则问题’，先让你们把想要解决的问题都提出，我们再依次讨论下去．”这自然是给我一个提出问题的机会了．因为我想提的问题太多了，所以决定先让别人开口，然后再补充．结果有的说到归一法的问题，有的说到全部通过的问题……我所想到的问题已提出了十之八九，只剩了十之一二．

因为问题太多，这次马先生花费的时间确实不少．从“归一法的问题”到“七零八落”，这分节是我自己的意见，为的是便于检查．

按照我们提出的顺序，马先生从归一法开始，逐一讲下去.

对于归一法的问题，马先生提出一个原理.

“这类题，本来只是比例的问题，但也可以反过来说，比例的问题本不过是四则问题. 这是大家都知道的. 王老大三十岁，王老五二十岁，我们就说他们两兄弟年岁的比是三比二或二分之三. 其实这和王老大有法币十元，王老五只有二元，我们就说王老大的法币是王老五的五倍一样. 王老大的年岁是王老五的二分之三倍，和王老大同王老五的年岁的比是二分之三，正是半斤和八两，只不过容貌不同罢了.”

“那么，归一法的问题当中，只是倍数一定的关系了?”我好像有了一个大发现似的问. 自然，这是昨天得到了周学敏和马先生指示的结果.

“一点儿不错! 既然抓住了这个要点，我们就来解答问题吧!”马先生说.

例一　工人 6 名，4 日吃 1 斗 2 升米，今有工人 10 名做工 10 日，吃多少米?

要点虽已懂得，下手却仍困难. 马先生写好了题，要我们画图时，大家都茫然了. 以前的例题，每个只含三个量，而且其中一个量，总是由其他两个量依一定的关系产生的，所以是用横线和纵线各表示一个，从而依它们的关系画线. 而本题有人数、日数、米数三个量，题目看上去容易，但不知道从何下手，只好呆呆地望着马先生了.

马先生看见大家的呆相，禁不住笑了起来：“从前有个先生给学生批文章，因为这学生是个公子哥儿，批语要好看，但文章做得却太坏，他于是只好批四个字‘六窍皆通’. 这个学生非常得意，其他同学见状，跑去质问先生. 他回答说，人是有七窍的呀，六窍皆通，便是‘一窍不通’了.”

这一来惹得大家哄堂大笑，但马先生反而行若无事地继续说道：“你们今天却真是‘六窍皆通’的‘一窍不通’了. 既然抓住了要点，还有什么难呢?”

……仍是没有人回答．

“我知道，你们平常惯用横竖两条线，每一条表示一种量，现在碰到了三种量，这一窍却通不过来，是不是？其实拆穿西洋镜，一点儿不稀罕！题目上虽有三个量，何尝不可以只用两条线，而让其中一条线来兼差呢？工人数是一个量，米数又是一个量，米是工人吃掉的．至于日数不过表示每人多吃几餐罢了．这么一想，比如用横线兼表人数和日数，每6人一段，取4段不就行了吗？这一来纵线自然表示米数了．”

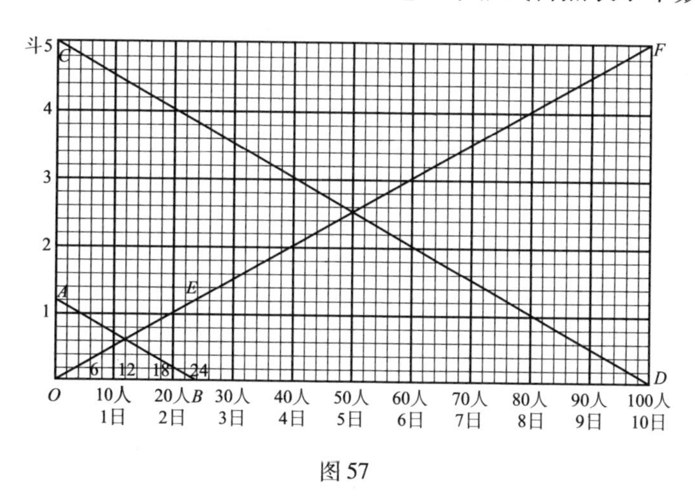

图57

“由6人4日得B点，1斗2升在A点，连AB就得一条线．再由10人10日得D点，过D点画线平行于AB，交纵线于C.”

“吃多少米?”马先生画出了图问．

“五斗!”大家高兴地争着回答．

马先生往图上6人4日那点的纵线和1斗2升那点的横线相交的地方，作了一个E点，又连OE引长到10人10日的纵线，写上一F，又问：

“吃多少米?”

大家都笑了起来，原来一条线也就行了．

至于这题的算法，就是先求出一人一日吃多少米，所以叫作“归一法”．

$$(1.2 \div 4 \div 6) \times 10 \times 10 = 5（斗）$$

6人4日吃的 ⋮ 6人1日吃的 ⋮ 1人1日吃的 ⋮ 10人1日吃的 ⋮ 10人10日吃的

例二　六人八日可做完的工事，八人几日可做完?

算学的困难在这里，它的趣味也在这点．这题，马先生仍叫我们画图，我们仍是“六窍皆通”！依样画葫芦，6人8日的一条 *OA* 线，我们都能找到着落了．但另一条线呢！马先生！依然是靠着马先生！他叫我们随意另画一条 *BC* 横线——其实用纸上的横线也行——两头和 *OA* 在同一纵线上，于是从 *B* 起，每8人一段截到 *C* 为止，共是6段，便是6天可以做完．

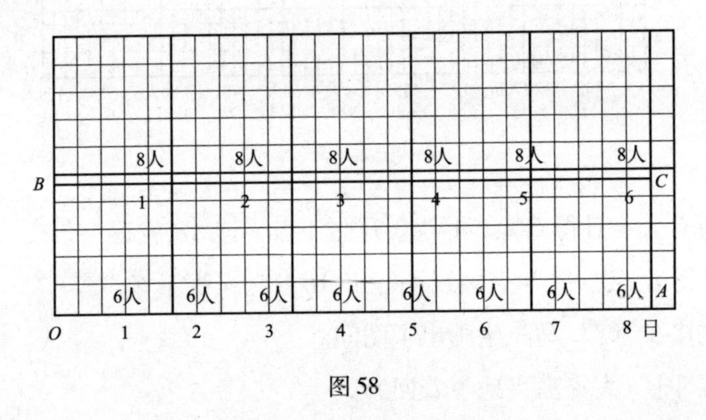

图58

马先生说：“这题倒不怪你们做不出，这个只是一种变通的做法，正规的画法留到讲比例时再说，因为这本是一个反比例的题目，和例一正比例的不同．所以就算法上说，也就显然相反．”

$$\underbrace{8 \times 6}_{6人做} \div 8 = 6（日）$$

⋮ 8人做

13

截长补短

说得文气一点，就是平均算．这是我们很容易明白的，根本上只是一加一除的问题，我本来不曾想到提出这类问题．既然有人提出，而且马先生也解答了，姑且放一个例题在这里．

例 上等酒二斤，每斤三角五分；中等酒三斤，每斤三角；下等酒五斤，每斤二角．三种相混，每斤值多少钱？

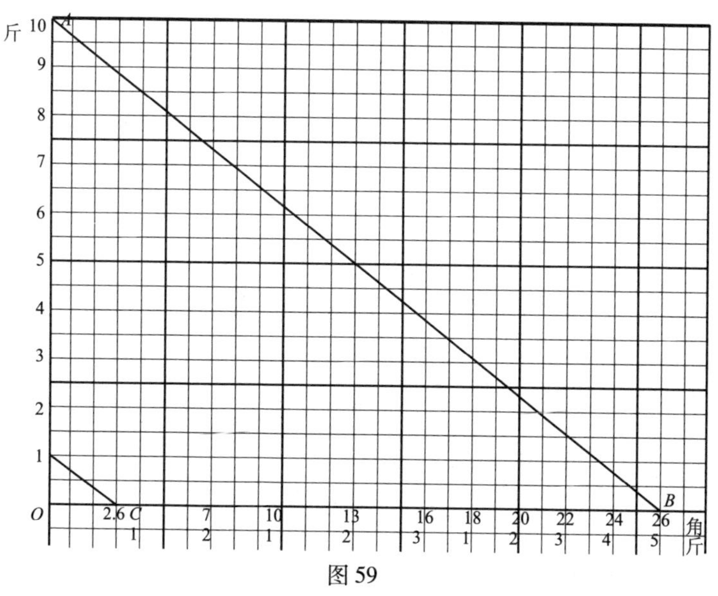

图 59

横线表示价钱，纵线表示斤数.

AB 线指出十斤酒一共的价钱，过指示一斤的这一点，作 $1C$ 平行于 AB 得 C，指示出一斤的价钱是二角六分.

至于算法，更是明白！

$$\underbrace{(\underset{\text{上酒}}{3.5\times 2}+\underset{\text{中酒}}{3\times 3}+\underset{\text{下酒}}{2\times 5})}_{\text{总价}}\div(\underset{\text{总斤数}}{2+3+5})=2.6\text{（角）}$$

14 还原算

“因为3加5得8，所以8减去5剩3，而8减去3剩5. 又因为3乘5得15，所以3除15得5，5除15得3. 这是小学生都已知道的了. 说得神气活现些，那便是，加减法互相还原，乘除法也互相还原，这就是还原算的靠山.”马先生这样提出要点来以后，就写出了下面的例题.

例一 某数除以2，得到的商减去5，再3倍，加上8，得20，求某数.

马先生说：“这只要一条线就够了，至于画法，正和算法一样，不过是‘倒行逆施’.”

自然，我们已能够想出来了.

（1）取 OA 表20.

（2）从 A 反向截去8得 B.

（3）过 O 任画一直线 OL. 从 O 起，在上面连续取相等的3段得 $O1$、12、23.

（4）连 $3B$，作 $1C$ 平行于 $3B$.

（5）从 C 起，顺向加上5得 OD.

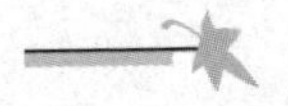

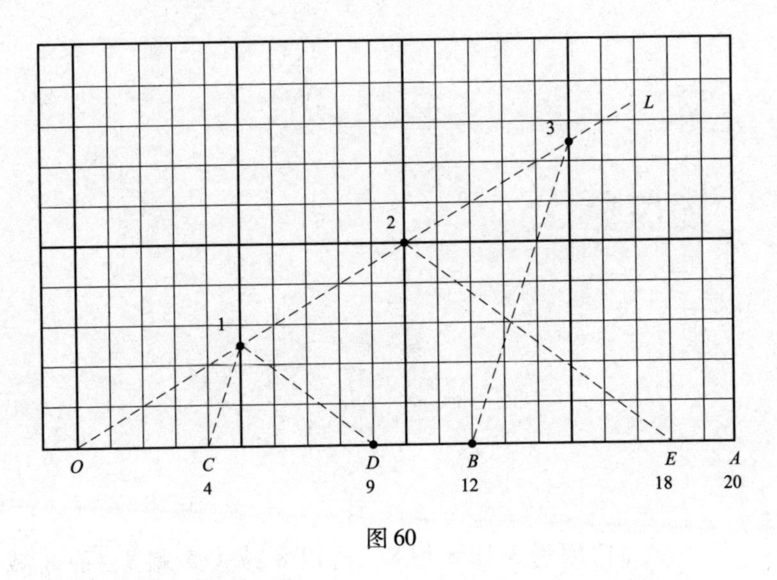

图 60

(6) 连 $1D$，作 $2E$ 平行于 $1D$，得 E 点，它指示的是 18.

这情形和计算时完全相同.

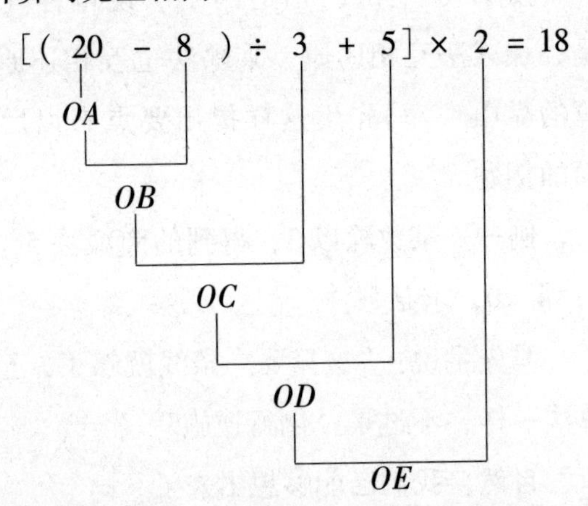

例二　某人有桃若干个，拿出一半多一个给甲，又拿出剩余的一半多两个给乙，还剩三个，求原有桃数.

这和前题本质上没有区别，所以只将图和算法相对应地写出来！

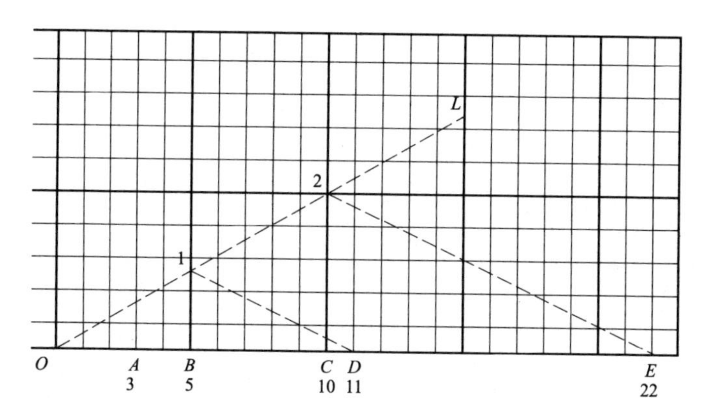
L
2
1
O
A
3
B
5
C
10
D
11
E
22

图 61

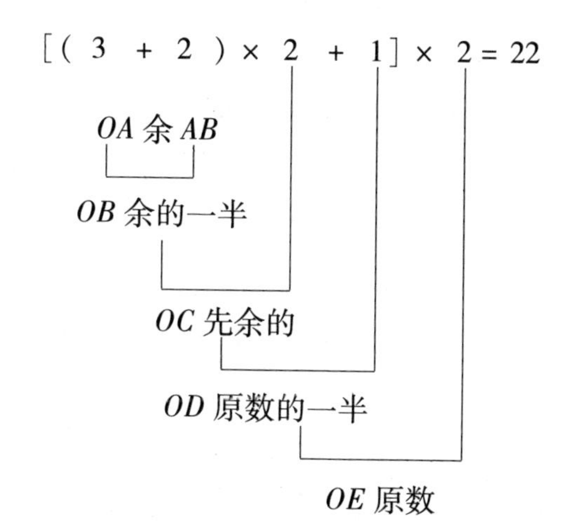
[(3 + 2) × 2 + 1] × 2 = 22
OA 余 AB
OB 余的一半
OC 先余的
OD 原数的一半
OE 原数

15

五个指头四个叉

回答栽树的问题，马先生就只说：“‘五个指头四个叉’，你们自己去想吧！”其实呢，马先生也这样说：“割鸡用不到牛刀，这类题，只要照题意画一个草图就可明白，不必像前面一样大动干戈了！”

例一 在六十丈长的路上，从头到尾，每隔二丈种树一株，共种多少？

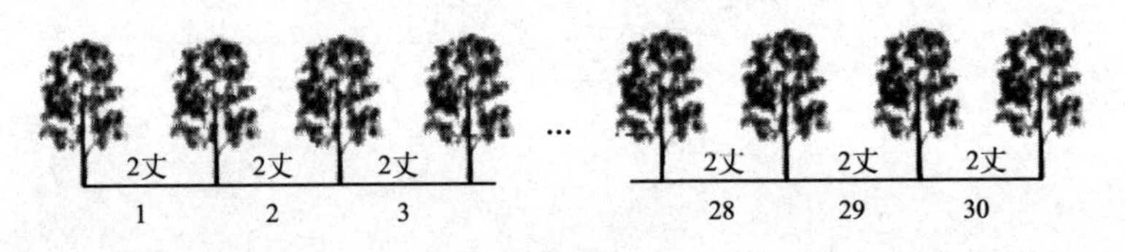

图 62

$$60 \div 2 + 1 = 31$$

例二 在十丈长的池周，每隔二丈立一根柱，共有几根柱？

$$10 \div 2 = 5$$

例二的路是首尾相接的，所以起首一根柱，也就是最后一根.

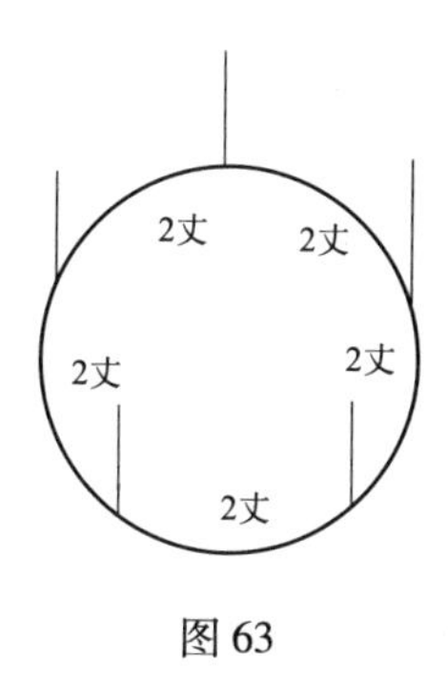

图 63

例三 一丈二尺长的梯子，每段横木相隔一尺二寸，有几根横木？（两端用不到横木.）

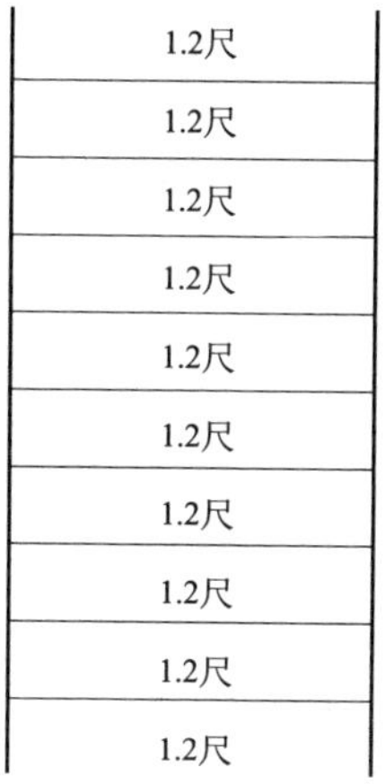

1.2尺
1.2尺
1.2尺
1.2尺
1.2尺
1.2尺
1.2尺
1.2尺
1.2尺
1.2尺

图 64

$$12 \div 1.2 - 1 = 9$$

16 排方阵

这类题，也是可照题画图来实际观察的．马先生说为了彻底明白它的要点，各人先画一个图来观察下面的各项：

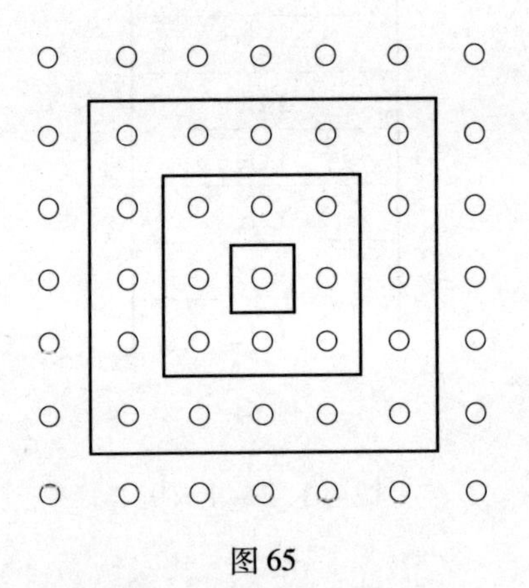

图 65

（1）外层每边多少人？（7）

（2）总数多少人？（7×7）

（3）从外向里第二层每边多少人？（5）

（4）从外向里第三层每边多少人？（3）

（5）中央多少人？（1）

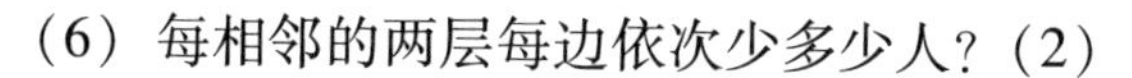

（6）每相邻的两层每边依次少多少人？（2）

“这些就是方阵的秘诀．”马先生含笑说．

例一　三层中空方层，外层每边十一人，共有多少人？

除了上面的秘诀，马先生又说：“这正用得着兵书上的话，‘虚者实之，实者虚之’了．”

“先来‘虚者实之’，看共有多少人？”马先生问．

“11 乘 11，121 人．”周学敏回答．

“好！那么，再来‘实者虚之’．外面三层，里面剩的顶外层是全方阵的第几层？”

“第四层．”也是周学敏回答．

“第四层每边是多少人？”

“第二层少 2 人，第三层少 4 人，第四层少 6 人，是 5 人．”王有道．

“计算各层每边的人数有一般的法则吗？”

“二层少一个 2 人，三层少两个 2 人，四层少三个 2 人，所以从外层数起，第某层每边的人数是：

“外层每边的人数 − 2 人 ×（层数 − 1）．”

“本题按照实心算，除去外边的三层，还有多少人？”

“五五二十五．”我回答．

这样一来，谁都会算了．

$$\underset{\text{实阵人数}}{11\times 11}-\underset{\text{中心方阵人数}}{[11-2\times(4-1)]\times[11-2\times(4-1)]}=121-25=\underset{\text{实际人数}}{96}$$

例二　兵一队，排成方阵，多 49 人，若纵横各加一行，又差 38 人，原有兵多少？

马先生首先提出这样一个问题：

“纵横各加一行，照原来外层每边的人数说，应当加多少人？”

“两倍外层的人数．”某君回答．

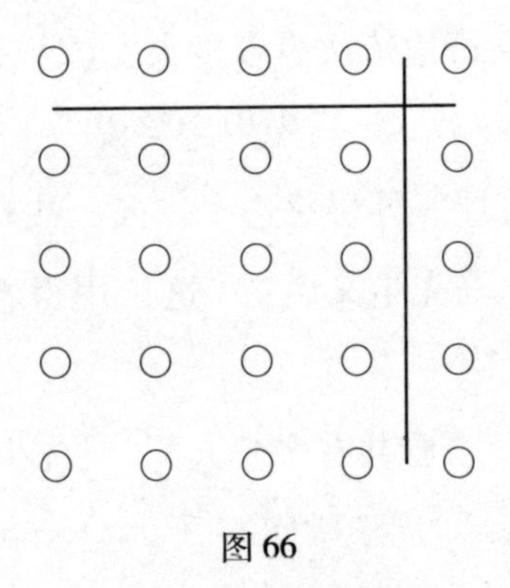

图 66

"你这是空想的，不是实际观察得来的．"马先生加以批评．

对于这批评，某君不服气，他用铅笔在纸上画来看，才明白了"还需加上一个人"．

"本题，每边加一行共加多少人？"马先生问．

"原来多的 49 人加上后来差的 38 人，共 87 人．"周学敏．

"那么，原来的方阵外层每边几个人？"

"87 减去 1——角落上的，再折半，得 43 人．"周学敏．

马先生指定我将式子列出，我只好在黑板上去写，还好，没有错．

$$[(49+38-1)\div 2]\times[(49+38-1)\div 2]+49=1898$$

例三　1296 人排成 12 层的中空方阵，外层每边有几人？

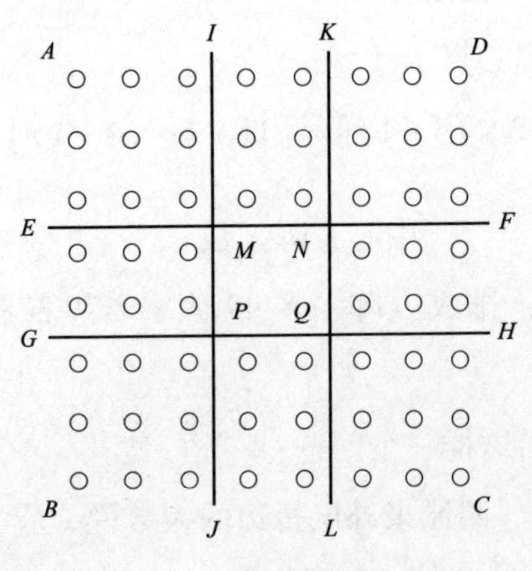

图 67

观察！观察！马先生又指导我们观察了！所要观察的是，每边各层都按照外层的人数算，是怎么一回事！

清清楚楚地，□*AEFD*、□*BCHG*，横看每排的人数都和外层每边的人数相同．换句话说，全部的人数，便是层数乘外层每边的人数．而竖着看，□*ABJI* 和□*CDKL* 也是一样．这和本题有什么关系呢？我想了许久，看了又看，还是觉得莫名其妙！

后来，马先生才问："依照这种情形，我们算成总共的人数是四个□*AEFD* 的人数行不行？"自然不行，算了两个□*AEFD* 已只剩两个□*EGPM* 了．所以若要算成四个，必须加上四个□*AEMI*，这是大家讨论的结果．至于□*AEMI* 的人数，就是层数乘层数．这一来，算法也就明白了．

$(1296+12\times12\times4)\div4\div12=39$……外层每边人数

原人数（1296）　□*AEMI* 人数（$12\times12\times4$）　层数（12）

原人数 + □*AEMI* 人数：□*AEFD* 人数

例四　有兵一队，正好排成方阵．后来减少 12 排，每排正好添上 30 人，这队兵是多少人？

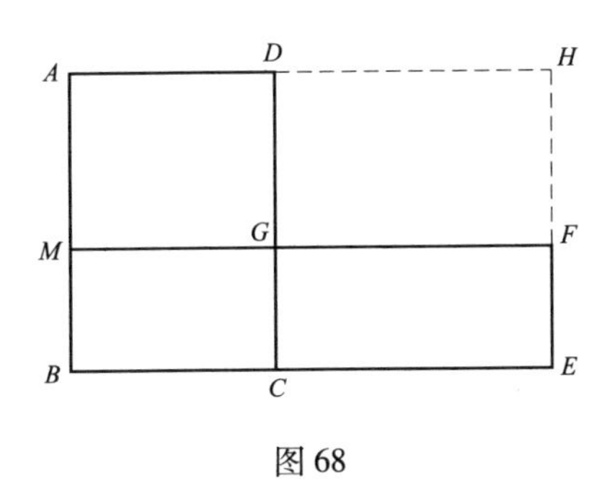

图 68

越来越糟，我简直是坠入迷魂阵了！

马先生在黑板上画出这一个图来，便一句话也不说，只是静悄悄地看着我们．自然！这是让我们自己思索，但是从哪儿下手呢？

看了又看，想了又想，我只得到了这几点：

（1）▱$ABCD$ 是原来的人数．

（2）▱$MBEF$ 也是原来的人数．

（3）▱$AMGD$ 是原来 12 排的人数．

（4）▱$GCEF$ 也是原来 12 排的人数，还可以看成是 30 乘“原来每排人数减去 12”的人数．

（5）▱$DGFH$ 的人数是 12 乘 30.

完了，我所能想到的，就只有这几点，但是它们有什么关系呢？

无论怎样我也想不出什么了！

周学敏还是值得我佩服的，在我百思不得其解的时候，他已算了出来．马先生就叫他讲给我们听．最初他所讲的，原只是我已想到的五点. 接着，他便说明下去．

（6）因为▱$AMGD$ 和▱$GCEF$ 的人数一样，所以各加上▱$DGFH$，人数也是一样，就是▱$AMFH$ 和▱$DCEH$ 的人数相等．

（7）▱$AMFH$ 的人数是“原来每排人数加 30”的 12 倍，也就是原来每排的人数的 12 倍加上 12 乘 30 人．

（8）▱$DCEH$ 的人数却是 30 乘原来每排的人数，也就是原来每排人数的 30 倍．

（9）由此可见，原来每排人数的 30 倍与它的 12 倍相差的是 12 乘 30 人．

（10）所以，原来每排人数是 $30\times12\div(30-12)$，而全部的人数是：

$$[30\times12\div(30-12)]\times[30\times12\div(30-12)]=400$$

可不是吗？400 人排成方阵，恰好每排 20 人，一共 20 排，减少 12 排，便只剩 8 排，而减去的人数一共是 240，平均添在 8 排上，每排正好加 30 人．为什么他会转这么一个弯儿，我却不会呢？

我真是又羡慕，又嫉妒啊！

17

全部通过

这是某君提出的问题．马先生对于我们提出这样的问题，好像非常诧异，他说：

“这不过是行程的问题，只需注意一个要点就行了．从前学校开运动会的时候，有一种运动，叫作什么障碍物竞走，比现在的跨栏要费事得多，除了跨一两次栏，还有撑竿跳高、跳浜、钻圈、钻桶等．钻桶，便是全部通过．桶的大小只能容一个人直着身子爬过，桶的长短却比一个人长一点儿．我且问你们，一个人，从他的头进桶口起，到全身爬出桶止，他爬过的距离是多少？”

“桶长加身长．”周学敏回答．

“好！”马先生斩钉截铁地说，“这就是‘全部通过’这类题的要点．”

例一　长六十丈的火车，每秒行驶六十六丈，经过长四百零二丈的桥，自车头进桥，到车尾出桥，需要多长时间？

马先生将题写出后，便一边画图，一边讲：

“用横线表示距离，AB 是桥长，BC 是车长，AC 就是

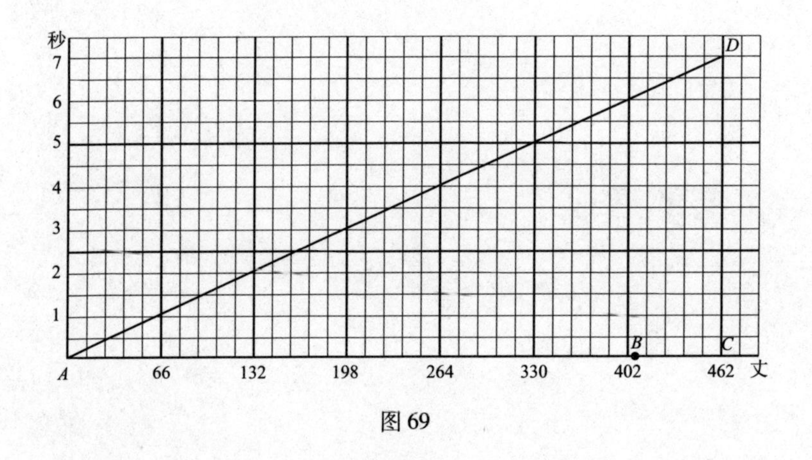

图 69

全部通过需要走的路程.

"用纵线表示时间.

"依照 1 和 66 定倍数的关系画 AD，从 D 横看过去，得 7，就是要走 7 秒钟."

我且将算法补在这里：

(402 丈	+ 60 丈)	÷ 66 丈/秒	= 7 秒
AB	BC		
桥长	车长	速度	时间

例二　长四十尺的列车，全部通过二百尺的桥，耗时四秒，列车的速度是多少？

将前一个例题做蓝本，这只是知道距离和时间，求速度的问题．它的算法，我也明白了：

(200 尺	+ 40 尺)	÷ 4 秒	= 60 尺/秒
AB	BC		
桥长	车长	时间	每秒的速度

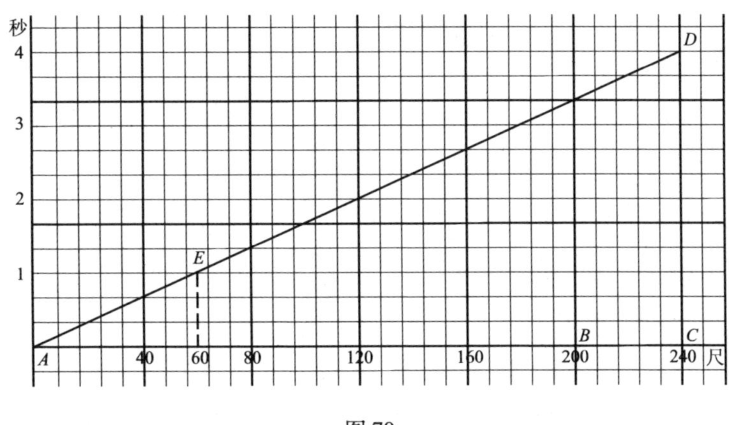

图 70

画图的方法，第一、二步全是相同的，不过第三步是连 AD 得交点 E，由 E 竖看下来，得 60 尺，便是列车每秒的速度.

例三 有人见一列车驶入二百四十公尺长的山洞，车头入洞后八秒，车身全部入内，共经二十秒钟，车完全出洞，求车的速度和车长.

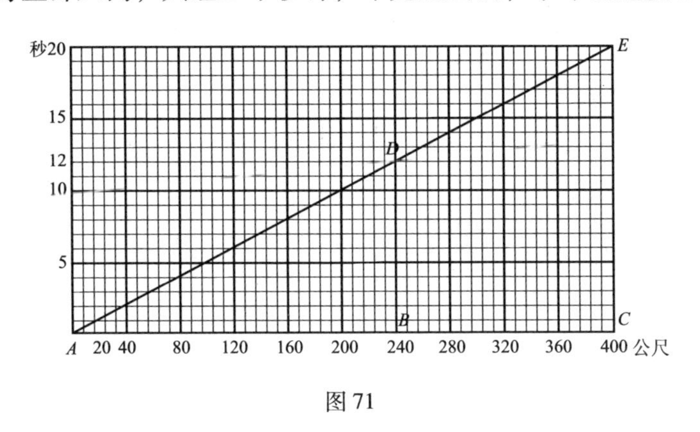

图 71

这题，最初我也想不透，但一经马先生提示，便恍然大悟了.

"列车全部入洞要 8 秒钟，不用说，从车头出洞到全部出洞也是要 8 秒钟了."

明白这一个关键，画图真是易如反掌啊！先以 AB 表示洞长，20 秒钟减去 8 秒，正是 12 秒，这就是车头从入洞到出洞所经过的时间 12 秒钟，因得 D 点，连 AD，就是列车的行进线.——引长到 20 秒钟那点得

E. 由此可知，列车每秒钟行 20 公尺，车长 *BC* 是 160 公尺.

算法是这样：

240 公尺 ÷ (20 秒 − 8 秒) = 20 公尺/秒……速度

20 公尺 × 8 = 160 公尺……列车的长

例四　A、B 两列车，A 长九十二尺，B 长八十四尺，相向而行，从相遇到相离，经过两秒钟. 若 B 车追 A 车，从追上到超过，经八秒钟，求各车的速度.

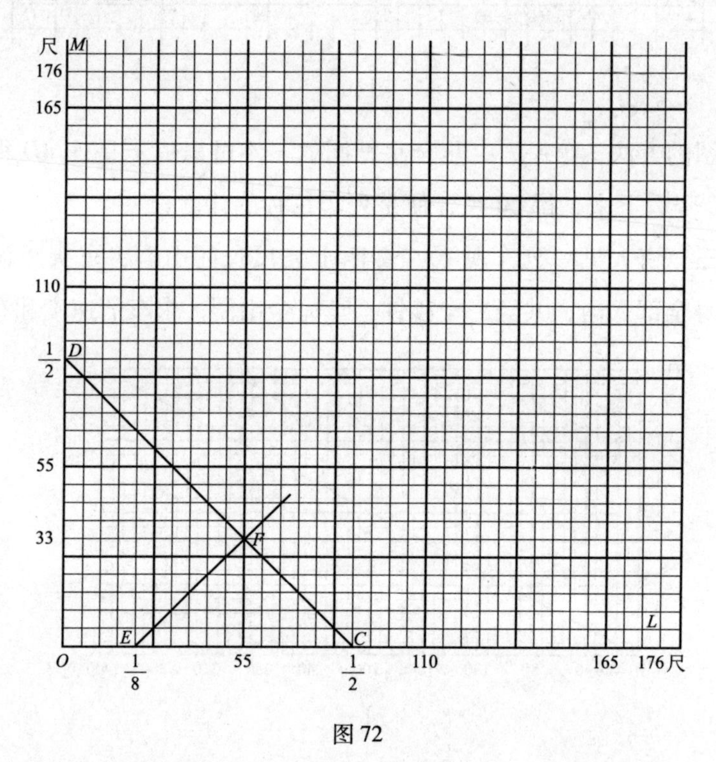

图 72

因为马先生的指定，周学敏将这问题解释如下：

“第一，依‘全部通过’的要点，两车所行的距离总是两车长的和，因而得 *OL* 和 *OM*.

“第二，两车相向而行，每秒钟共经过的距离值是它们速度值的和. 因两车 2 秒钟相离，所以这速度值的和等于两车长值的和的 1/2，

因而得 CD，表和一定的线.

“第三，两车同向相追，每秒钟所追上的距离值是它们速度值的差.因 8 秒钟追过，所以这速度值的差等于两车长的和的 1/8，因而得 EF，表差一定的线.

“从 F 竖看得 55 尺，是 B 每秒钟的行驶距离；横看得 33 尺，是 A 每秒钟的行驶距离.”

经过这样的说明，算法自然容易明白了：

$$\Big[\underbrace{\underset{\text{距离}}{(92+84)}\div 2}_{\text{速度和}}+\underbrace{(92+84)\div 8}_{\text{速度差}}\Big]\div 2=\underset{\text{B 的速度}}{55}\ (\text{尺/秒})$$

$$\big[(92+84)\div 2-(92+84)\div 8\big]\div 2=\underset{\text{A 的速度}}{33}\ (\text{尺/秒})$$

18

七零八落

大家所提到的，只剩下面三个面目各别的题了.

例一 有人自日出至午前十时行十九里一百二十五丈，自日落至午后九时，行七里一百四十丈，求昼长多少?

素来不皱眉头的马先生，听到这题时却皱眉头了.——这题真难吗?

似乎真是"眉头一皱，计上心来"一样，马先生对于他的皱眉头这样加以解释:

"这题的数目太啰唆，什么里咧、丈咧，纸上谈兵，真是有点儿摆布不开. 我来把题目改一下吧!——有人自日出至午前十时行十里，自日落至午后九时行四里，求昼长多少?

"这个题的要点，便是'从日出到正午和自正午到日落，时间相等'. 因此，用纵线表时间，我们无妨画 18 小时，从午前 3 时到午后 9 时，那么，正午前后都是 9 小时. 既然从正午到日出、日落的时间一样，就可以假设这人是从午前 3 时走到午前 10 时，共走 14 里，所以得表示

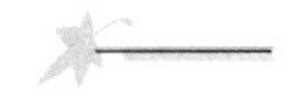

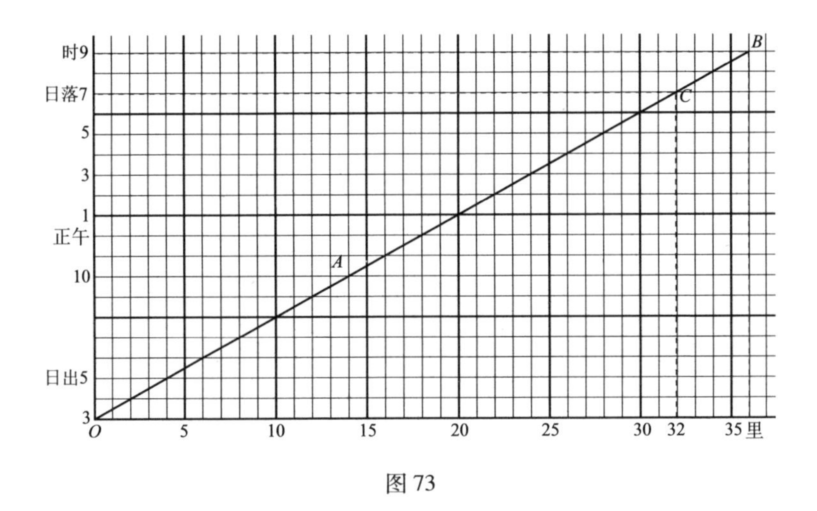

图 73

行程的 *OA* 线．"

这自然很明白了，将 *OA* 引长到 *B*，所指示的就是，假如这人从午前 3 时一直走到午后 9 时，便是 18 小时共走 36 里．他的速度，由 *AB* 线所表示的定倍数的关系，就可知是每小时 2 里了．（这是题外的文章．）

"午后 9 时走到 36 里，从日落到午后 9 时走的是 4 里，回到 32 里的地方，往上看，得 *C* 点．横看，得午后 7 时，可知日落是在午后 7 时，隔正午 7 小时，所以昼长是 14 小时．"

由此也就得出了计算法：

(10 + 4) ÷ (9 − 2) = 2（里/小时）……每小时的速度

正午到午后 9 时的小时数（9）；午前 10 时到正午的小时数（2）

4 ÷ 2 = 2（小时）……日落到午后 9 时的小时数

(9 − 2) × 2 = 14（小时）

正午到日落的小时数（9 − 2）；昼长（14）

依样画葫芦，本题的计算如下：

9 − 2……从午前 3 时到 10 时的小时数

（19 里 125 丈 +7 里 140 丈）÷（9 − 2）小时

=3 里 145 丈/小时……速度

7 里 140 丈 ÷3 里 145 丈

=2 小时……从日落到午后 9 时的小时数

（9 − 2）小时 ×2 = 14 小时……昼长

例二　有甲、乙两旅人，乘三等火车，所带行李共二百斤，除二人三等车行李无运费的重量外，甲应付超重费一元八角，乙应付一元．若把行李分给一人，则超重费为三元四角，三等车每人所带行李不超重的重量是多少？

我居然也找到了这题的要点，从三元四角中减去一元八角，再减去一元，加上三元四角便是超重的行李应当支付的超重费．但图还是由王有道画出来的，马先生对于这题没有发表意见．

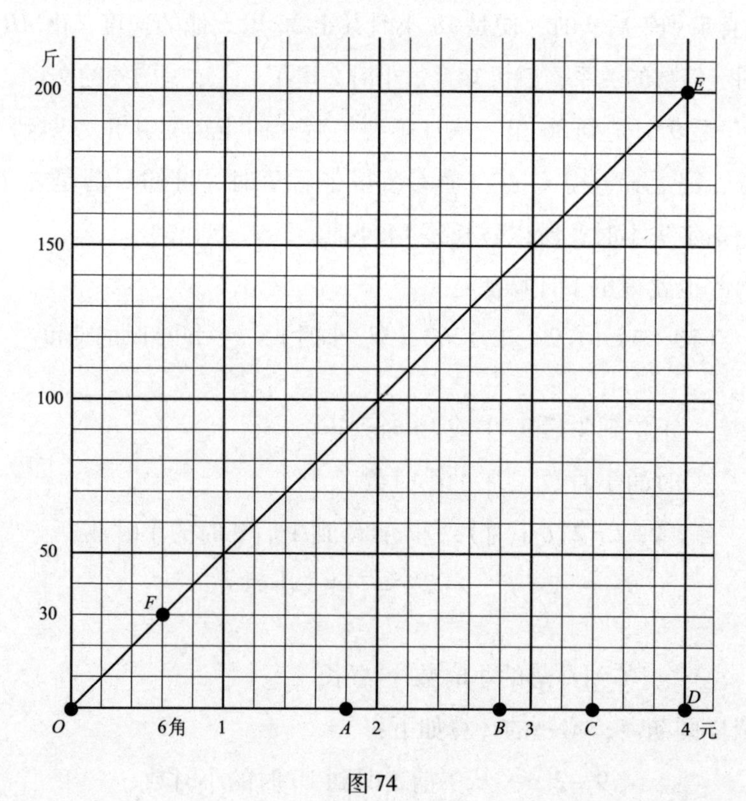

图 74

用横线表示钱数，3 元 4 角（OC）减去 1 元 8 角（OA），又减去 1 元（AB），只剩 6 角（BC），将这剩下的钱加到 3 元 4 角上去便得 4 元（OD）.

这就表明若二百斤行李都要支付超重费，便要支付 4 元，因得 OE 线. 往 6 角的一点向上看得 F，再横看得 30 斤，就是所求的重量.

$$(34-18-10)\div[(34+34-18-10)\div 200]$$

$$=30\text{（斤）}\cdots\cdots\text{所求的斤数}$$

例三 有一个两位数，其十位数字与个位数字交换位置后与原数的和为一百四十三，而原数减其倒转数①则为二十七，求原数.

“用这个题来结束所谓四则问题，倒很好！”马先生在疲惫中显露着兴奋，“我们暂且丢开本题，来观察一下两位数的性质. 这也可以勉强算是一个科学方法的小演习，同时也是寻求解决问题——算学的问题自然也在内——的门槛.”说完，他就列出了下面的表格：

原　数	12	23	34	47	56
倒转数	21	32	43	74	65

“现在我们来观察，说是实验也无妨.”马先生说.

“原数和倒转数的和是什么?”

“33，55，77，121，121.”

“在这几个数中间你们看得出什么关系吗?”

“都是 11 的倍数.”

“我们可以说，凡是两位数同它的倒转数的和都是 11 的倍数吗?”

“……”没有人回答.

“再来看各是 11 的几倍?”

“3 倍，5 倍，7 倍，11 倍，11 倍.”

① 将它的各位数字顺序调换，如 123 的倒转数是 321.

“这各个倍数和原数有什么关系吗?”

我们大家静静地看了一阵，四五个人一同回答：

“原数各位数字的和是3，5，7，11，11.”

“你们能找出其中的理由来吗?”

“12是由几个1、几个2合成的?”

“10个1，1个2.”王有道.

“它的倒转数呢?”

“1个1，10个2.”周学敏.

“那么，它俩的和中有几个1和几个2?”

“11个1和11个2.”我也明白了.

“11个1和11个2，共有几个11?”

“3个.”许多人回答.

“我们可以说，凡是两位数与它的倒转数的和，都是11的倍数吗?”

“可——以——”我们真快活极了.

“我们可以说，凡是两位数与它的倒转数的和，都是它的各位数字和的11倍吗?”

“当然可以!”一齐回答.

“这是这类问题的一个要点，还有一个要点，是从差方面看出来的.你们去‘发明’吧!”

当然，我们很快就按部就班地得到了答案!

“凡是两位数与它的倒转数的差，都是它的两数字差的9倍.”

有了这两个要点，本题自然迎刃而解了!

$$[(143\div 11)+(27\div 9)]\div 2=8\cdots\cdots\text{大数}$$

（$143\div 11$：两数字和；$27\div 9$：两数字差）

$$[(143\div 11)-(27\div 9)]\div 2=5\cdots\cdots\text{小数}$$

因为题上说的是原数减其倒转数，原数中的十位数字应当大一些，所以原数是85.

85加58得143，而85减去58正是27，真巧！

19

韩信点兵

昨天马先生结束了四则问题以后，叫我们复习关于质数、最大公约数和最小公倍数的问题．晚风习习，我取了一本《开明算术教本》上册，阅读关于这些事项的第七章．从前学习它的时候，是否感到困难，印象已模糊了．现在要说“一点儿困难没有”，我不敢这样自信．不过，像从前遇见四则问题那样摸不着头脑，确实没有．也许其中的难点，我不曾发觉吧！怀着这样的心情，今天，到课堂去听马先生的讲演．

“我叫你们复习的，都复习过了吗？”马先生一走上讲台就问．

“复习过了！”两三个人齐声回答．

“那么，有什么问题？”

每个人都是瞪大双眼，望着马先生，没有一个问题提出来．马先生在这静默中，看了全体一遍：

“学算学的人，大半在这一部分不会感到什么困难的，你们大概也不会有什么问题了．”

我不曾发觉什么困难，照这样说，自然是由于这部分

问题比较容易．心里这么一想，就期待着马先生的下文．

“既然大家都没有问题，我且提出一个来问你们：这部分问题，我们也用画图来处理它吗?”

“那似乎可以不必了!”周学敏回答．

“似乎？可以就可以，不必就不必，何必‘似乎’!”马先生笑着说．

“不必!”周学敏斩钉截铁地说．

“问题不在‘必’和‘不必’．既然有了这样一种法门，正可拿它来试试，看变得出什么花招来，不是也很有趣吗?”说完，马先生停了一停，再问，“这一部分所处理的材料是些什么?”

当然，这是谁也答得上来的，大家抢着说：

“找质数．”

“分质因数．”

“求最大公约数和最小公倍数．”

“归根结底，不过是判定质数和计算倍数与约数，这只是一种关系的两面．12 是 6、4、3、2 的倍数，反过来看，6、4、3、2 便是 12 的约数了．”马先生这样结束了大家的话，而掉转话头：

“闲言少叙，言归正传．你们将横线每一大段当 1 表示倍数，纵线每一小段当 1 表示数目，画表示 2 的倍数和 3 的倍数的两条线．”

这只是定倍数的问题，已没有一个人不会画了．马先生在黑板上也画了一个（图 75）．

“从这图上，可以看出些什么来?”马先生问．

“2 的倍数是 2、4、6、8、10、12．”我答．

“3 的倍数是 3、6、9、12、15、18．”周学敏．

“还有呢?”

“5、7、11、13、17 都是质数．”王有道．

“怎么看出来的?”

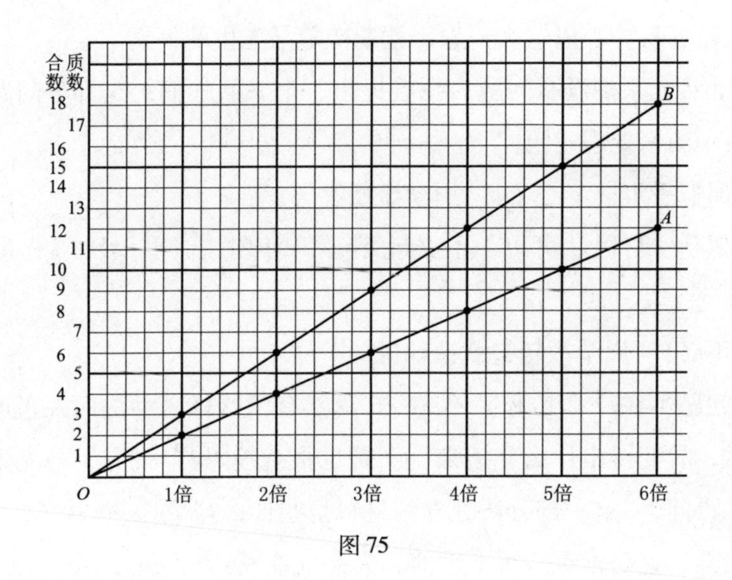

图 75

这几个数都是质数，我本是知道的，但从图上怎么看出来的，我却茫然了．马先生这么一追问，真是“实获我心”了．

“*OA* 和 *OB* 两条线都没有经过它们，所以它们既不是 2 的倍数，也不是 3 的倍数……”说到这里，王有道突然停住了．

“怎样？”马先生问道．

“它们总是质数呀！”王有道很不自然地说．这一来大家都已发现，这里面一定有了漏洞，王有道大概已明白了．不期然地，大家一齐笑了起来．笑，我也是跟着笑的，不过我并未发现这漏洞．

“这没有什么可笑的．”马先生很郑重地说，“王有道，你回答的时候也有点儿迟疑了，为什么呢？”

“由图上看来，它们都不是 2 和 3 的倍数，而且我知道它们都是质数，所以我那样说．但突然想到，25 既不是 2 和 3 的倍数，也不是质数，便疑惑起来了．”王有道这么一解释，我才恍然大悟，漏洞原来在这里．

马先生露出很满意的神气，接着说：“其实这个判定法，本是对的，不过欠精密一点儿，你是上了图的当．假如图还可以画得详细些，你就不会这样说了．”

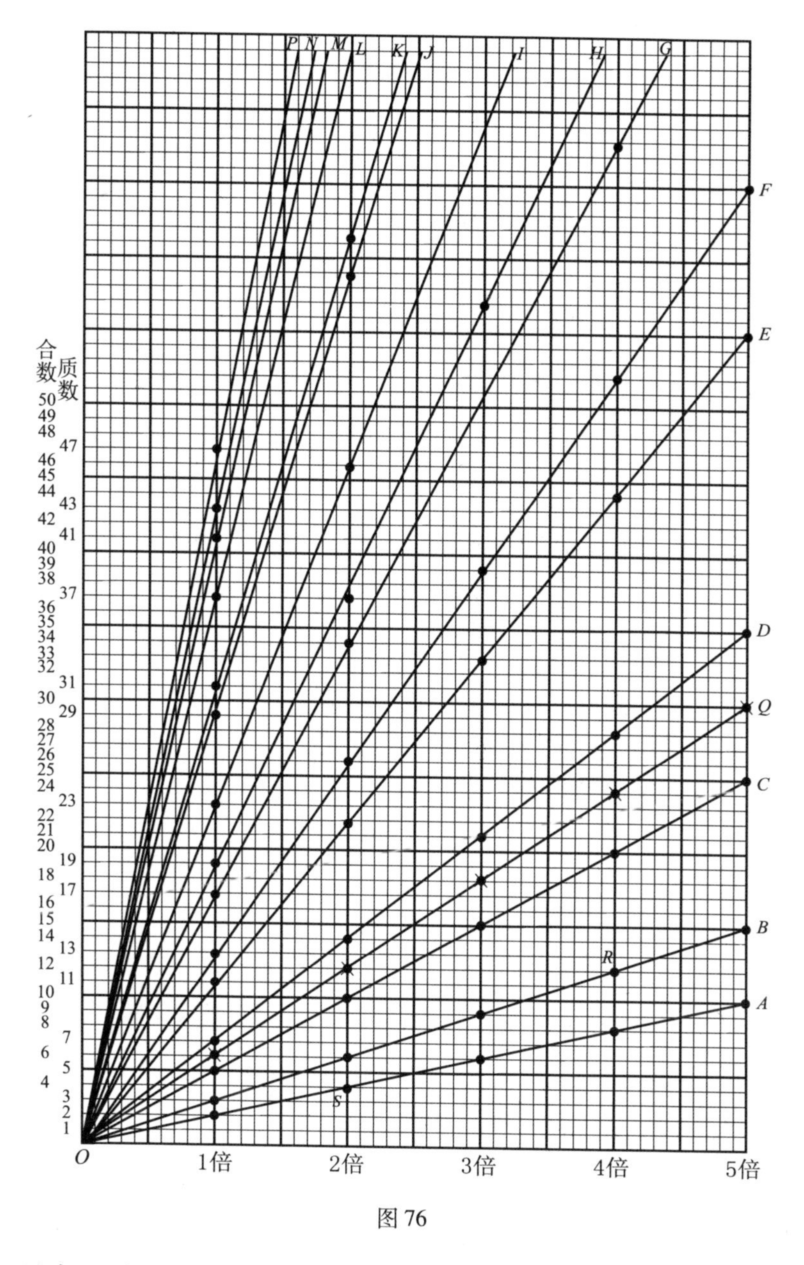

图 76

马先生叫我们另画一个较详细的图——图 76，将表示 2、3、5、7、11、13、17、19、23、29、31、37、41、43、47 各倍数的线都画出来．（这里的图，右边截去了一部分．）不用说，这些数都是质数．由图上，

50 以内的合数当然可以很清楚地看出来．不过，我有点儿怀疑：马先生原来是要我们从图上找质数，既然把表示质数的倍数的线都画了出来，还用得找什么质数呢?

马先生还叫我们画一条表示 6 的倍数的线，OQ. 他说："由这张图看，当然再不会说，不是 2 和 3 的倍数的，便是质数了．你们再用表示 6 的倍数的一条线 OQ 作标准，仔细看一看．"

经过十多分钟的观察，我发现了：

"质数都比 6 的倍数少 1."

"不错．"马先生说，"但是应得补充一句——除了 2 和 3."这确实是我不曾注意到的．

"为什么 5 以上的质数都比 6 的倍数少 1 呢?"周学敏提出了这样一个问题．

马先生叫我们回答，但没有人答得上来，他说：

"这只是事实问题，不是为什么的问题．换句话说，便是整数的性质本来如此，没有原因．"对于这个解释，大家好像都有点儿莫名其妙，没有一个人说话．马先生接着说：

"一点儿也不稀罕！你们想一想，随便一个数，用 6 去除，结果怎样呢?"

"有的除得尽，有的除不尽．"周学敏．

"除得尽的就是 6 的倍数，当然不是质数．除不尽的呢?"

没有人回答，我也想得到有的是质数，如 23；有的不是质数，如 25. 马先生见没有人回答，便这样说：

"你们想想看，一个数用 6 去除，若除不尽，它的余数是什么?"

"1，例如 7."周学敏．

"5，例如 17."另一个同学．

"2，例如 14."又是一个同学．

"4，例如 10."其他两个同学同时说．

“3，例如21.”我也想到了.

“没有了.”王有道来一个结束.

“很好!”马先生说，“用6除剩2的数，有什么数可把它除尽吗?”

“2.”我想它用6除剩2，当然是个偶数，可用2除得尽.

“那么，除了剩4的呢?”

“一样!”我高兴地说.

“除了剩3的呢?”

“3!”周学敏快速地说.

“用6除了剩1或5的呢?”

这我也明白了.5以上的质数既然不能用2和3除尽，当然也不能用6除尽.用6去除不是剩1便是剩5，都和6的倍数差1.

不过马先生又另外提出一个问题：“5以上的质数都比6的倍数差1，掉转头来，可不可以这样说：比6的倍数差1的都是质数?”

“不!”王有道，“例如25是6的4倍多1，35是6的6倍少1，都不是质数.”

“这就对了!”马先生说，“所以你刚才用不是2和3的倍数来判定一个数是质数，是不精密的.”

“马先生!”我的疑问始终不能解释，趁他没有说下去，我便问，“由作图的方法，怎样可以判定一个数是不是质数呢?”

“刚才画的线都是表示质数的倍数的，你们会想到，这不能用来判定质数.但是如果从画图的过程看，就可明白了.首先画的是表示2的倍数的线*OA*，由它，你们可以看出哪些数不是质数?”

“4、6、8……一切偶数.”我答道.

“接着画表示3的倍数的线*OB*呢?”

“6、9、12……”一个同学说.

“4既然不是质数，上面一个是5，第三就画表示5的倍数的线*OC*.”这一来又得出它的倍数10、15……再依次上去，6已是合数，所以只好画表示 7 的倍数的线 OD. 接着，8、9、10 都是合数，只好画表示 11 的倍数的线 OE. 照这样作下去，把合数渐渐地淘汰了，所画的线所表示的不全都是质数的倍数吗？——这个图，我们无妨叫它质数图.”

“我还是不明白，用这张质数图，怎样判定一个数是否是质数.”我跟着发问.

“这真叫作百尺竿头，只差一步了!”马先生很诚恳地说，“你试举一个合数与一个质数出来.”

“15 与 37.”

“从 15 横看过去，有些什么数的倍数?”

“3 的和 5 的.”

“从 37 横着看过去呢?”

“没有!”我已懂得了. 在质数图上，由一个数横看过去，若有别的数的倍数，它自然是合数；一个也没有的时候，它就是质数. 不只这样，例如 15，还可知道它的质因数是 3 和 5. 最简单地，6 含的质因数是 2 和 3. 马先生还说，用这个质数图把一个合数分成质因数，也是容易的. 这法则是这样：

例一　将 35 分成质因数的积.

由 35 横看到 D 得它的质因数，有一个是 7，往下看是 5，它已是质数，所以

$$35 = 7 \times 5$$

本来，若是这图的右边没有截去，7 和 5 都可由图上直接看出来.

例二　将 12 分成质因数的积.

由 12 横看得 R，表示 3 的 4 倍. 4 还是合数，由 4 横看得 S，表示 2 的 2 倍，2 已是质数，所以

$$12 = 3 \times 2 \times 2 = 3 \times 2^2$$

关于质数图的作法，以及用它来判定一个数是否是质数，用它来将

一个合数拆成质因数的积，我们都已明白了．马先生提出求最大公约数的问题．前面说过的既然已明了，这自然是迎刃而解的了．

例三 求 12、18 和 24 的最大公约数．

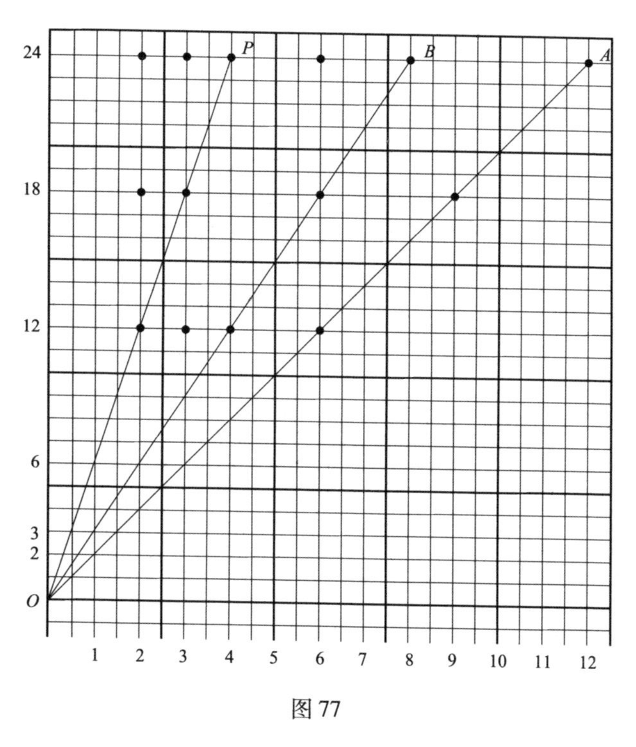

图 77

从上图我们可以看出 24、18 和 12 都有约数 2、3 和 6. 它们都是 24、18、12 的公约数，而 6 就是所求的最大公约数．

"假如不用质数图，怎样由画图法找出这三个数的最大公约数呢?"马先生问王有道．他一边思索，一边用手指在桌上画来画去，后来他这样回答：

"把最小一个数以下的质数找出来，再画出表示这些质数的倍数的线．由这些线上，就可看出各数所含的公共质因数．它们的乘积，就是所求的最大公约数．"

例四 求 6、10 和 15 的最小公倍数．

依照前面各题的解法，本题是再容易不过了．OA、OB、OC 相应地表示 6、10、15 的倍数 . A、B 和 C 同在 30 的一条横线上，30 便是所求的最小公倍数 .

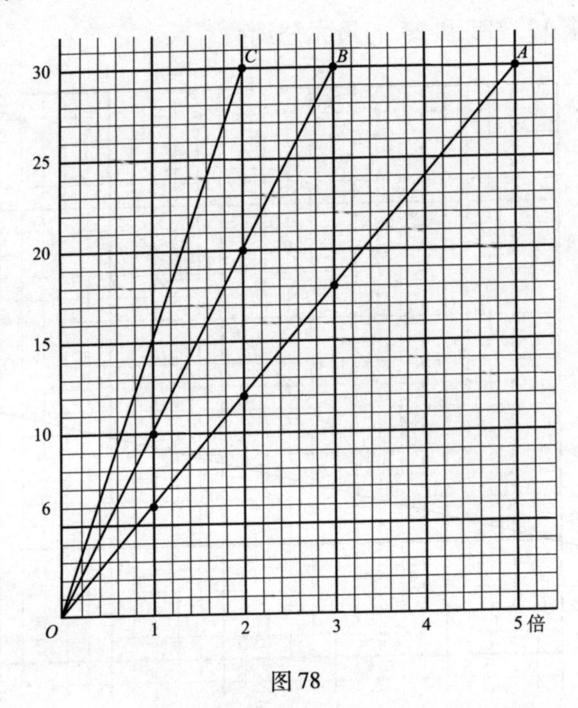

图 78

例五　某数，三个三个地数，剩一个；五个五个地数，剩两个；七个七个地数，也剩一个，求某数 .

马先生写好了这个题，叫我们讨论画图的方法 . 自然，这不是很难，经过一番讨论，我们就画出图 79 来 . *1A*、*2B*、*1C* 各线分别表示 3 的倍数多 1，5 的倍数多 2，7 的倍数多 1. 而这三条线都经过 22 的线上，22 即所求的 . ——马先生说，这是最小的一个，加上 3，5，7 的公倍数，都合题 . ——不是吗？22 正是 3 的 7 倍多 1，5 的 4 倍多 2，7 的 3 倍多 1.

“你们由画图的方法，总算把答案求出来了，但是算法是什么呢？”马先生这一问，却把我们难住了 . 先是有人说是求它们的最小公倍数，这当然不对，3、5、7 的最小公倍数是 105 呀！后来又有人说，从它们

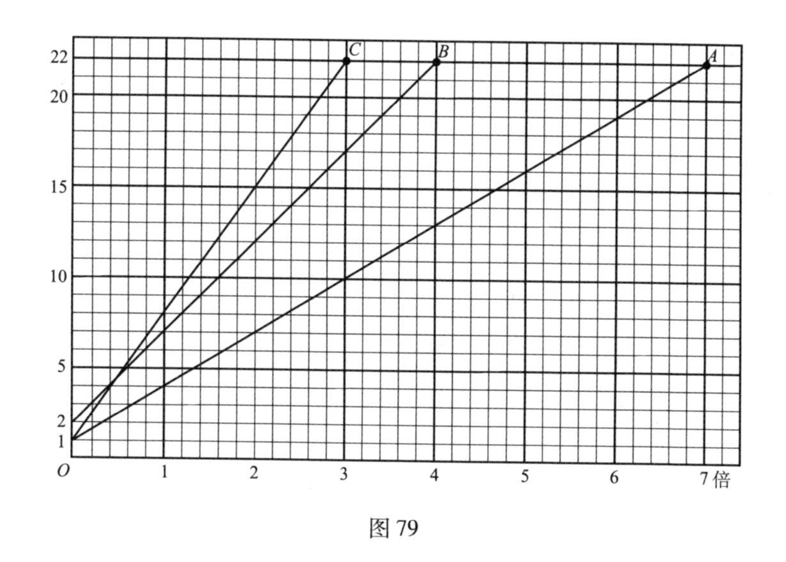

图 79

的最小公倍数中减去 3，除所余的 1. 也有人说减去 5，除所余的 2，自然都不是．从图上仔细看去，也毫无结果．最终只好去求教马先生了．他见大家都束手无策，便开口道：

“这本来是咱们中国的一个老题目，它还有一个别致的名称——韩信点兵．它的算法，有诗一首：

三人同行七十稀，五树梅花廿一枝，

七子团圆月正半，除百零五便得知．

“你们懂得这诗的意思吗？”

“不懂！不懂！”许多人都说．

于是马先生加以解释：

“这也和‘无边落木萧萧下’的谜一样．三人同行七十稀，是说 3 除所得的余数用 70 去乘它．五树梅花廿一枝，是说 5 除所得的余数，用 21 去乘．七子团圆月正半，是说 7 除所得的余数用 15 去乘．除百零五便得知，是说把上面所得的三个数相加，加得的和若大于 105，便把 105 的倍数减去．因此得出来的，就是最小的一个数．好！你们依照这个方法将本题计算一下．”

下面就是计算的式子：

$$1\times70+2\times21+1\times15=70+42+15=127$$

$$127-105=22$$

奇怪！对是对了，但为什么呢？周学敏还掉了一个题，“三三数剩二，五五数剩三，七七数剩四”来试：

$$2\times70+3\times21+4\times15=140+63+60=263$$

$$263-105\times2=263-210=53$$

53 正是 3 的 17 倍多 2，5 的 10 倍多 3，7 的 7 倍多 4. 真奇怪！但是为什么？

对于这个疑问，马先生说，把上面的式子改成下面的形式，就明白了.

(1) $2\times70+3\times21+4\times15=2\times(69+1)+3\times21+4\times15$

$=2\times23\times3+2\times1+3\times7\times3+4\times5\times3$

$=(2\times23+3\times7+4\times5)\times3+2\times1$

(2) $2\times70+3\times21+4\times15=2\times70+3\times(20+1)+4\times15$

$=2\times14\times5+3\times4\times5+3\times1+4\times3\times5$

$=(2\times14+3\times4+4\times3)\times5+3\times1$

(3) $2\times70+3\times21+4\times15=2\times70+3\times21+4\times(14+1)$

$=2\times10\times7+3\times3\times7+4\times2\times7+4\times1$

$=(2\times10+3\times3+4\times2)\times7+4\times1$

“这三个式子，可以说是同一个数的三种解释：(1) 表明它是 3 的倍数多 2；(2) 表明它是 5 的倍数多 3；(3) 表明它是 7 的倍数多 4. 这不是正和题目所给的条件相合吗？”马先生说完了，王有道似乎已经懂得，但又有点儿怀疑的样子．他踌躇了一阵，向马先生提出这么一个问题：

“用 70 去乘 3 除所得的余数，是因为 70 是 5 和 7 的公倍数，又是 3 的倍数多 1. 用 21 去乘 5 除所得的余数，是因为 21 是 3 和 7 的公倍数，

又是5的倍数多1. 用15去乘7除所得的余数，是因为15是5和3的倍数，又是7的倍数多1. 这些我都明白了. 但，这70、21和15怎么找出来的呢?”

“这个问题，提得很合适!”马先生说，“这类题的要点，就在这里. 但，这些数的求法，说来话长，你们可以去看开明书店出版的《数学趣味》，里面就有一篇专讲“韩信点兵”的. 不过，像本题，三个除数都很简单，70、21、15都容易推出来. 5和7的最小公倍数是什么?”

“35. ”一个同学回答.

“3除35，剩多少?”

“2——”另一个同学.

“注意! 我们所要的是5和7的公倍数，同时又是3的倍数多1的一个数. 35当然不是，将2去乘它，得70，既是5和7的公倍数，又是3的倍数多1. 至于21和15情形也相同. 不过21已是3和7的公倍数，又是5的倍数多1；15已是5和3的公倍数，又是7的倍数多1，所以用不到再把什么数都去乘它了. ”

最后，他还补充一句:

“我提出这个题的原意，是要你们知道，它的形式虽和求最小公倍数的题相同，实质上却是两回事，必须加以注意. ”

20

话说分数

“分数是什么？”马先生今天的第一句话．

“是许多个小单位聚合成的数．”周学敏．

“你还可以说得明白点儿吗？”马先生．

“例如 $\frac{3}{5}$，就是3个 $\frac{1}{5}$ 聚合成的，$\frac{1}{5}$ 对于1作单位说，是一个小单位．”周学敏．

“好！这也是一种说法，而且是比较实用的．照这种说法，怎样用线段表示分数呢？”马先生问．

“和表示整数一样，不过用表示1的线段的若干分之一作单位罢了．”王有道这样回答以后，马先生叫他在黑板上作出图（图80）来．其实，这是以前无形中用过的．

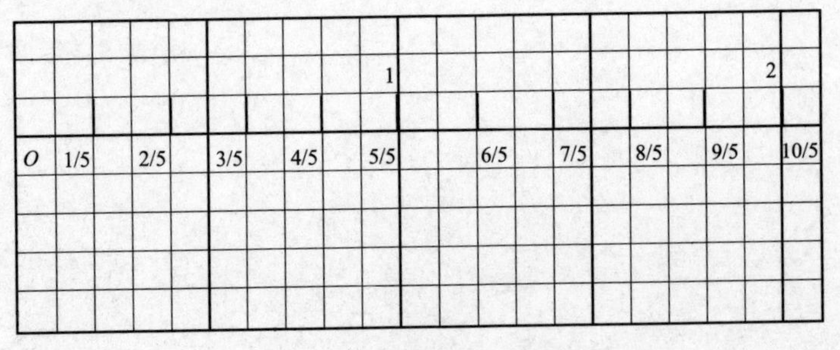

图80

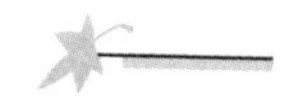

"分数是什么？还有另外的说法没有？"马先生等王有道回到座位坐好以后问．经过好几分钟，还是没有人回答，他又问：

"$\frac{4}{2}$是多少？"

"2！"谁都知道．

"$\frac{18}{3}$呢？"

"6．"大家一同回答，心里都好像以为这只是不成问题的问题．

"$\frac{1}{2}$呢？"

"0.5．"周学敏．

"$\frac{1}{4}$呢？"

"0.25．"还是他．

"你们回答的这些数，分数的值，怎么来的？"

"自然是除得来的哟．"依然是周学敏．

"自然！自然！"马先生，"就顺了这个自然，我说，分数是表示两个数相除而未除尽所成的数，可不可以？"

"……"想着，当然是可以的，但没有一个人回答．大概他们和我一样，觉得有点儿拿不稳吧，只好由马先生自己回答了．

"自然可以，而且在理论上，更合适．分子是被除数，分母便是除数．本来，也就是因为两个整数相除，不一定除得干净，在除不尽的场合，如 $13 \div 5 = 2 \cdots\cdots 3$，不但说起来啰唆，用起来更大大地不方便，急中生智，才造出这个$\frac{13}{5}$来．"

这样一来，变成用两个数联合起来表示一个数了．马先生说，就因为这样，分数又有一种用线段表示的方法．他说用横线表示分母，用纵线表示分子，叫我们找$\frac{1}{2}$、$\frac{2}{4}$、$\frac{3}{6}$各点．我们得出了A_1、A_2和A_3，连

起来就得直线 OA. 他又叫我们找 $\frac{3}{5}$、$\frac{6}{10}$ 两点，连起来得直线 OB.

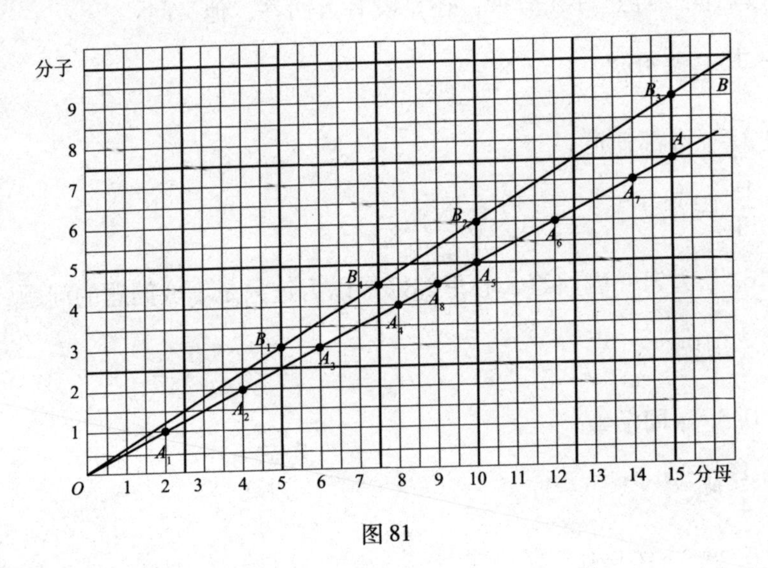

图 81

“$\frac{1}{2}$、$\frac{2}{4}$ 和 $\frac{3}{6}$ 的值是一样的吗?”马先生问.

“一样的!”我们回答.

“表 $\frac{1}{2}$、$\frac{2}{4}$、$\frac{3}{6}$ 的各点 A_1、A_2、A_3 都在一条直线上，在这线上还能找出其他分数来吗?”大家争着，你一句、我一句地回答：

“$\frac{4}{8}$.”

“$\frac{5}{10}$.”

“$\frac{6}{12}$.”

“$\frac{7}{14}$.”

“这些分数的值怎样?”

“都和 $\frac{1}{2}$ 的相等.”周学敏很快回答，我也是明白的.

“再就 OB 线看，有几个同值的分数?”

“3 个，$\frac{3}{5}$、$\frac{6}{10}$、$\frac{9}{15}$.”几乎是全体同时回答.

“不错！这样看来，表同值分数的点，都在一条直线上．反过来，一条直线上的各点所指示的分数是不是都是同值的呢?”

“……”我想回答一个“是”字，但找不出理由来，最终没有回答，别人也只是低着头想.

“你们试在线上随便指出一点来试试看.”

“A_8.”我.

“B_4.”周学敏.

“A_8 指示的分数是什么?”

“$\frac{4\frac{1}{2}}{9}$.”王有道．马先生说，这是一个繁分数，叫我们将它化简来看.

$$\frac{4\frac{1}{2}}{9}=\frac{\frac{9}{2}}{9}=\frac{9}{2}\times\frac{1}{9}=\frac{1}{2}$$

B_4所指示的分数，依样画葫芦，我们得出：

$$\frac{4\frac{1}{2}}{7\frac{1}{2}}=\frac{\frac{9}{2}}{\frac{15}{2}}=\frac{9}{15}=\frac{3}{5}$$

“由这样看来，对于前面的问题，我们可不可以回答一个‘是’字呢?”马先生郑重地问．就因为他问得很郑重，所以没有人回答.

“我来一个自问自答吧!”马先生，“可以，也不可以.”惹得大家哄堂大笑.

“不要笑，真是这样．实际上，本是如此，所以你回答一个‘是’字，别人绝不能提出反证来．不过，在理论上，你现在没有给它一个充分的证明，所以你回答一个‘不可以’，也是你虚心求稳．——我得结束一句，再过一年，你们学完了平面几何，就会给它一个证明了．”

接着，马先生又提醒我们，将这图从左看到右，又从右看到左．先是$\frac{1}{2}$变成$\frac{2}{4}$、$\frac{3}{6}$、$\frac{4}{8}$、$\frac{5}{10}$、$\frac{6}{12}$、$\frac{7}{14}$；而$\frac{1}{5}$变成$\frac{2}{10}$、$\frac{3}{15}$，它们正好表示扩分的变化．——用同数乘分子和分母．后来，正相反，$\frac{7}{14}$、$\frac{6}{12}$、$\frac{5}{10}$、$\frac{4}{8}$、$\frac{2}{4}$都变成$\frac{1}{2}$；而$\frac{3}{15}$、$\frac{2}{10}$都变成$\frac{1}{5}$. 它们恰好表示约分的变化.——用同数除分子和分母．啊！多么简单、明了，且趣味丰富啊！谁说算学是呆板、枯燥、没生趣的呀？

用这种方法表示分数，它的效用就此可叹为观止了吗？不！还有更浓厚的趣味哩！

第一，是通分，马先生提出下面的例题．

例一　化$\frac{3}{4}$、$\frac{5}{6}$和$\frac{3}{8}$为同分母的分数．

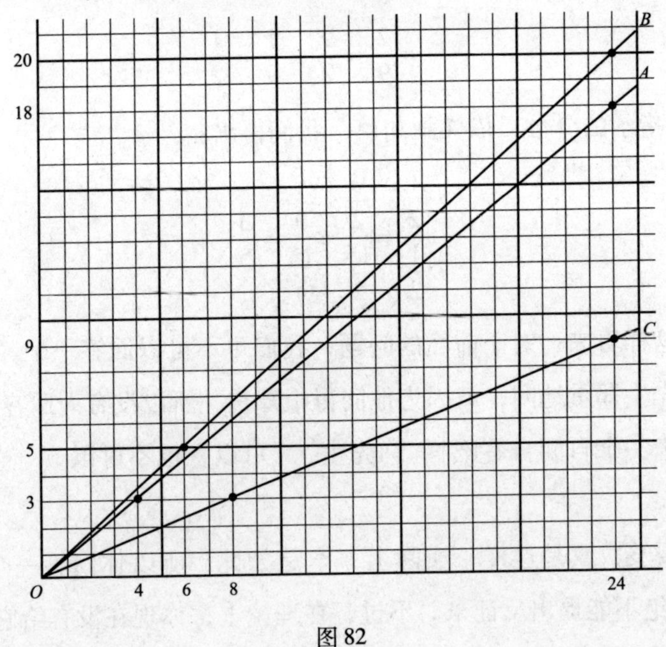

图 82

这个问题的解决，真是再轻松不过了．我们只依照马先生的吩咐，画出表示这三个分数 $\frac{3}{4}$、$\frac{5}{6}$ 和 $\frac{3}{8}$ 的三条线——OA、OB 和 OC，马上就看出来 $\frac{3}{4}$ 扩分可成 $\frac{18}{24}$，$\frac{5}{6}$ 可成 $\frac{20}{24}$，而 $\frac{3}{8}$ 可成 $\frac{9}{24}$，正好分母都是 24，真是简单极了．

第二，是比较分数的大小．

就用上面的例子和图，便可说明白．把三个分数，化成了同分母的，因为，

$$\frac{20}{24}>\frac{18}{24}>\frac{9}{24}$$

所以知道，

$$\frac{5}{6}>\frac{3}{4}>\frac{3}{8}$$

这个结果，图上显示得非常清楚，OB 线高于 OA 线，OA 线高于 OC 线，无论这三个分数的分母是否相同，这个事实绝不改变，还用得着通分吗？

照分数的性质说，分子相同的分数，分母越大的值越小．这一点，图上显示得更清楚了．

第三，这是普通算术书上不常见到的，就是求两个分数间，有一定分母的分数．

例二　求 $\frac{5}{8}$ 和 $\frac{7}{18}$ 中间，分母为 14 的分数．

先画表示 $\frac{5}{8}$ 和 $\frac{7}{18}$ 的两条直线 OA 和 OB，由分母 14 这一点往上看，处在 OA 和 OB 间的，分子的数是6（C_1）、7（C_2）和8（C_3）．这三点所表的分数是 $\frac{6}{14}$、$\frac{7}{14}$、$\frac{8}{14}$，便是所求的．

不是吗？这多么直截了当啊！马先生叫我们用算术的计算法来解这

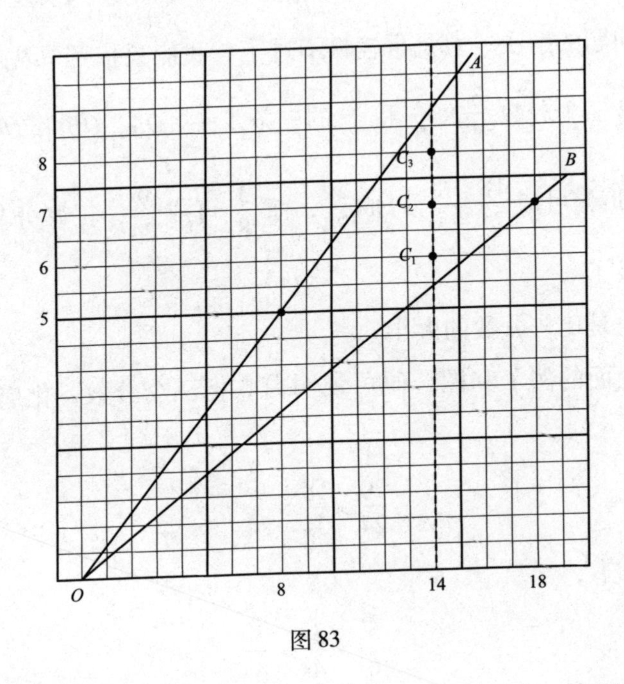

图 83

个问题，以相比较．我们共同讨论一下，得出一个要点，先通分．因为这一来好从分子的大小决定各分数．通分的结果，8、14 和 18 的最小公倍数是 504，而 $\frac{5}{8}$ 变成 $\frac{315}{504}$，$\frac{7}{18}$ 变成 $\frac{196}{504}$，所求的分数就在 $\frac{315}{504}$ 和 $\frac{196}{504}$ 中间，分母是 504，分子比 196 大，比 315 小．

“这还不够．”王有道的意见，“因为题上所要求的，限于 14 做分母的分数．公分母 504 是 14 的 36 倍，分子必须是 36 的倍数，才约得成 14 做分母的分数．”这个意见当然很对，而且是本题要点之一．依照这个意见，我们找出在 196 和 315 中间，36 的倍数，只有 216（6 倍）、252（7 倍）和 288（8 倍）三个．而：

$$\frac{216}{504}=\frac{6}{14}，\frac{252}{504}=\frac{7}{14}，\frac{288}{504}=\frac{8}{14}$$

与前面所得的结果完全相同，但步骤却烦琐得多．

马先生还提出一个计算起来比这更烦琐的题目，但由作图法解决，真不过是“举手之劳”．

例三 求分母是10和15中间各整数的分数，分数的值限于在0.6和0.7中间.

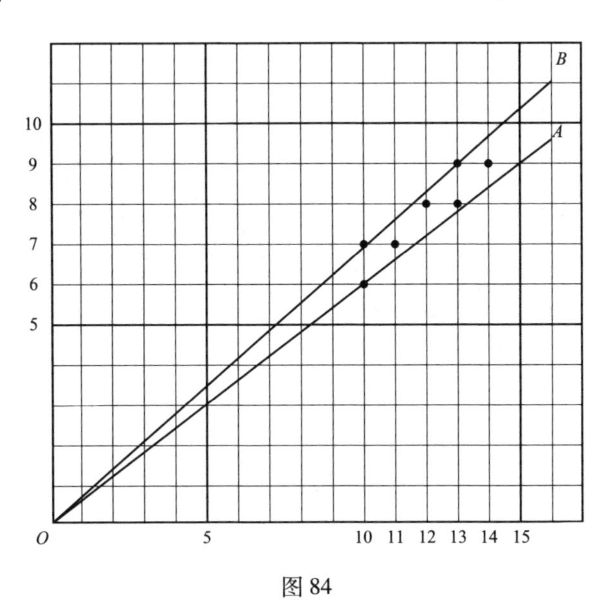

图84

图中 OA 和 OB 两条直线，分别表示 $\frac{6}{10}$ 和 $\frac{7}{10}$. 因此所求的各分数，就在它们中间，分母限于11、12、13和14四个数. 由图上，一眼就可以看出来，所求的分数只有下面五个：

$$\frac{7}{11}, \frac{8}{12}, \frac{8}{13}, \frac{9}{13}, \frac{9}{14}$$

第四，分数怎样相加减？

例四 求 $\frac{3}{4}$ 和 $\frac{5}{12}$ 的和与差.

总是要画图的，马先生写完题以后，我就将表示 $\frac{3}{4}$ 和 $\frac{5}{12}$ 的两条直线 OA 和 OB 画好.

“异分母分数的加减法，你们都已知道了吧？”马先生.

“先通分！”周学敏.

“为什么要通分呢？”

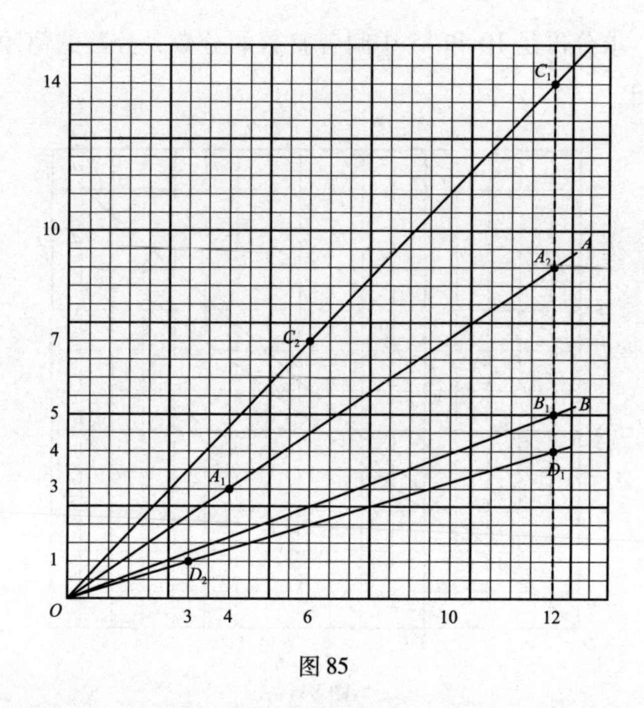

图 85

“因为把分数看成许多小单位集合成的，单位不同的数，不能相加减.”周学敏加以说明.

“对的！那么，现在我们怎样在图上将这两个分数相加减呢?”

“两个分数的最小公分母是 12，通分以后，$\frac{3}{4}$ 变成 $\frac{9}{12}$，A_2所表示的；$\frac{5}{12}$ 还是 $\frac{5}{12}$，B_1所表示的. 在 12 这条纵线上，从 A_2起加上 5，得 C_1（A_2C_1等于 $12B_1$），OC_1这条直线就表示所求的和 $\frac{14}{12}$.”王有道.

与和的做法相反，差的做法我也明白了. 从 A_2 起向下截去 5，得 D_1，OD_1这条直线，就表示所求的差 $\frac{4}{12}$.

“OC_1和 OD_1这两条直线所表示的分数，最左的一个各是什么?”马先生问.

一个是 $\frac{7}{6}$，C_2所表示的. 一个是 $\frac{1}{3}$，D_2所表示的. 这个说明了什

么呢？马先生指示我们，就是在算术中，加得的和，如$\frac{14}{12}$，同着减得的差，如$\frac{4}{12}$，可约分的时候，都要约分．而在这里，只要看最左的一个分数就行了，真便当！

21 三态之一——几分之几

马先生说，分数的应用问题，大体看来，可分成三大类.

第一，和整数的四则问题一样，不过有些数目是分数罢了. 以前的例子中已有过，即如“大小两数的和是 $1\frac{1}{10}$，差是 $\frac{2}{5}$，求两数”. 当然，这类题目，用不到再讲了.

第二，和分数性质有关. 这样的题目万变不离其宗，归根到底，不过三种形态.

（1）知道两个数，求一个数是另一个数的几分之几.

（2）知道一个数，求它的几分之几是什么.

（3）知道一个数的几分之几，求它是什么.

若用 a 表示一个分数的分母，b 表示分子，m 表示它的值，那么：

$$m=\frac{b}{a}$$

（1）是知道 a 和 b，求 m.

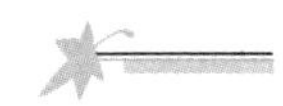

（2）求一个数 n 的 $\frac{b}{a}$ 是多少.

（3）一个数的 $\frac{b}{a}$ 是 n，求这个数.

第三，单纯是分数自身的变化. 如“有一分数，其分母加1，可约为 $\frac{3}{4}$；分母加2，可约为 $\frac{2}{3}$，求原数”.

这次，马先生所讲的，就是第二类中的（1）.

例一 把一颗骰子连掷三十六次，正好出现六次红，再掷一次，出现红的概率是多少？

“这个题的意思，是就36次中出现6次红，看它占几分之几，再用这个数来预测下次的几率.——这种计算，叫概率.”马先生说.

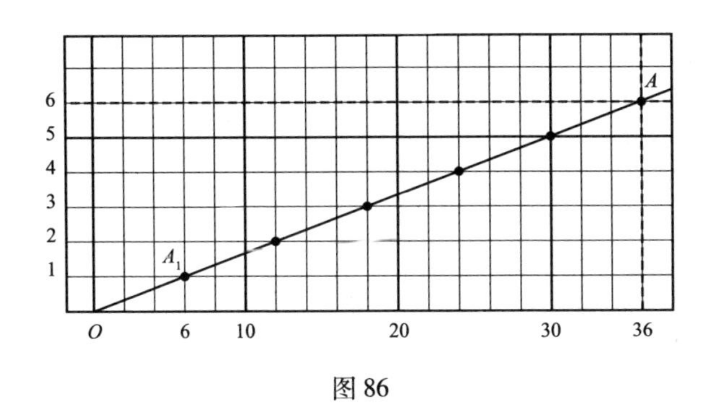

图86

纵线36横线6的交点是 A，连 OA，这直线就表示所求的分数，$\frac{6}{36}$. 它可被约分成 $\frac{3}{18}$、$\frac{2}{12}$、$\frac{1}{6}$，和 $\frac{4}{24}$、$\frac{5}{30}$ 都等值，最简的一个就是 $\frac{1}{6}$.

例二 酒精三升半同水五升混合成的酒，酒精占多少？

骨子里，本题和前一题没有什么两样，只需分母在横线上取 $3.5+5=8.5$ 这一点. 这一点的纵线和3.5这点的横线相交于 A. 连 OA，得表示所求的分数的直线. 但直线上，从 A 向左，找不出简分数来. 若将它适当地引长到 A_1，则得最简分数 $\frac{7}{17}$. 用算术上的方法计算，便是：

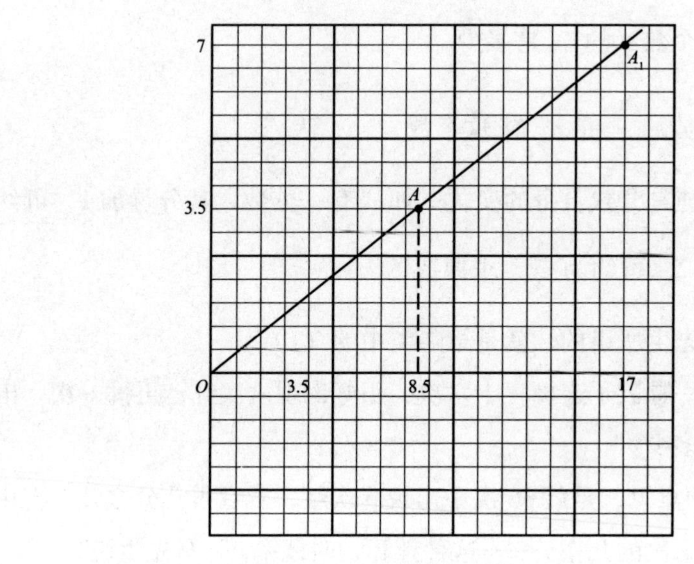

图 87

$$\frac{3.5}{3.5+5}=\frac{3.5}{8.5}=\frac{35}{85}=\frac{7}{17}$$

22

三态之二——求偏

例一 求 35 元的 $\frac{1}{7}$、$\frac{3}{7}$ 各是多少.

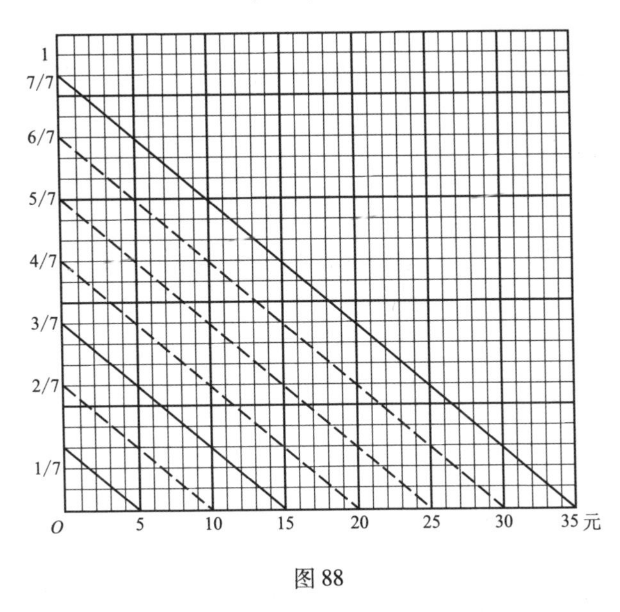

图 88

“你们觉得这个问题有什么困难吗?” 马先生问.

“分母是一个数, 分子是一个数, 35 元又是一个数, 一共三个数, 怎样画呢?” 我感到的困难就在这一点.

“那么, 把分数就看成一个数, 不是只有两个数了吗?”马先生说，“其实在这里，还可直截了当地看成一个简单的除法和乘法的问题. 你们还记得我所讲过的除法的画法吗?”

“记得! 任意画一条 OA 线，从 O 起，在外面取等长的若干段……”(参看图 4 和它的说明)，我还没有说完，马先生就接了下去:

“在这里，假如我们用横线（或纵线）表元数，就可以用纵线（或横线）当任意直线 OA. 就本题说，任取一小段作 $\frac{1}{7}$，依次取 $\frac{2}{7}$、$\frac{3}{7}$、… 直到 $\frac{7}{7}$ 就是 1. ——也可以先取一长段作 1，就是 $\frac{7}{7}$，再把它分成 7 个等分. ——这样一来，要求 35 元的 $\frac{1}{7}$，怎样做法?”

“先连 1 和 35，再过 $\frac{1}{7}$ 画它的平行线，和表示元数的线交于 5，就是表明 35 元的 $\frac{1}{7}$ 是 5 元.”周学敏.

毫无疑问，过 $\frac{3}{7}$ 这一点照样作平行线，就得 35 元的 $\frac{3}{7}$ 是 15 元. 若我们过 $\frac{2}{7}$、$\frac{4}{7}$、…也作同样的平行线，则 35 元的 $\frac{1}{7}$、$\frac{2}{7}$、$\frac{3}{7}$、…都能一目了然了.

马先生进一步指示我们: 由本题看来，$\frac{1}{7}$ 是 5 元，$\frac{2}{7}$ 是 10 元，$\frac{3}{7}$ 是 15 元，$\frac{4}{7}$ 是 20 元……以至于 $\frac{7}{7}$（全数）是 35 元. 可知，若把 $\frac{1}{7}$ 作单位，$\frac{2}{7}$、$\frac{3}{7}$、$\frac{4}{7}$、…相应地就是它的 2 倍、3 倍、4 倍、…所以我们若把倍数的意义看得宽一些，分数的问题，本源上，和倍数的问题，没有什么差别. ——真的! 求 35 元的 2 倍、3 倍、…和求它的 $\frac{2}{7}$、$\frac{3}{7}$、…都同样用乘法:

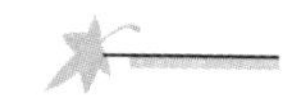

35 元 $\times 2 = 70$ 元，　35 元 $\times 3 = 105$ 元（倍数）

35 元 $\times \frac{2}{7} = 10$ 元，　35 元 $\times \frac{3}{7} = 15$ 元（分数）

——广义的倍数

归结一句：知道一个数，要求它的几分之几，和求它的多少倍一样，都是用乘法．

例二　华民有银圆 48 元，将四分之一给他的弟弟；他的弟弟将所得的三分之一给小妹妹，每个人分别有银圆多少？各人所有的是华民原有的几分之几？

本题的面目虽然和前一题略有不同，但也不过面目不同而已．追本溯源，却没有什么差别．OA 表示全数（或说整个儿，或说 1，都是一样），OB 表示银圆 48 元，OC 表 $\frac{1}{4}$. CD 平行于 AB. OE 表示 OC 的 $\frac{1}{3}$，EF 平行于 CD，自然也就平行于 AB. ——这是图 89 的作法．

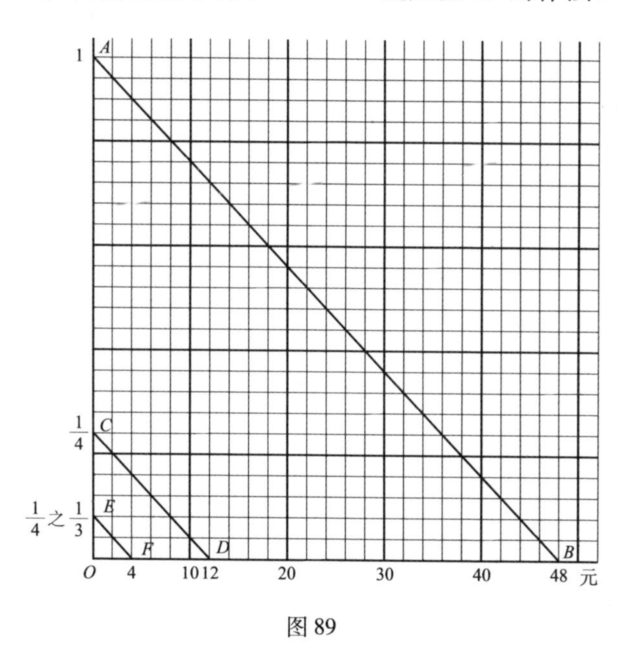

图 89

D 指 12 元，是华民给弟弟的．OB 减去 OD 剩 36 元，是华民分给弟弟后所有的．

F 指 4 元，是华民的弟弟给小妹妹的．OD 减去 OF，剩 8 元，是华民的弟弟所有的．

他们所有的，依次是 36 元，8 元，4 元，合起来正好 48 元．

至于各人所有的对于华民原有的，依次是 $\frac{3}{4}$，$\frac{1}{6}$ 和 $\frac{1}{12}$.

这题的算法是：

48 元 $\times \frac{1}{4} = 12$ 元……华民给弟弟的

48 元 $- 12$ 元 $= 36$ 元……华民给弟弟后所有的

12 元 $\times \frac{1}{3} = 4$ 元……弟弟给小妹妹的

12 元 $- 4$ 元 $= 8$ 元……弟弟所有的

$1 - \frac{1}{4} = \frac{3}{4}$……华民的

$\frac{1}{4} \times \frac{1}{3} = \frac{1}{12}$……小妹妹的

$\frac{1}{4} - \frac{1}{4} \times \frac{1}{3} = \frac{2}{12} = \frac{1}{6}$……弟弟的

例三　甲、乙、丙三人分 60 银圆，甲得 $\frac{2}{5}$，乙得的等于甲的 $\frac{2}{3}$，各得多少？

“这个题和前面两个，有什么不同？”马先生问．

“一样，不过多转了一个弯儿．”王有道．

“这种看法是对的．”马先生叫王有道将图画出来，并加以说明．

“AB、CD、EF 三条线的画法，和以前的一样．”他一面画，一面说，“从 C 向上取 CH 等于 OE. 画 HK 平行于 AB. OD 指甲得 24 元，OF 指乙得 16 元．OK 指甲、乙共得 40. KB 就指丙得 20 元．”

王有道已说得很明白了，马先生叫我将计算法写出来，这还有什么难的呢？

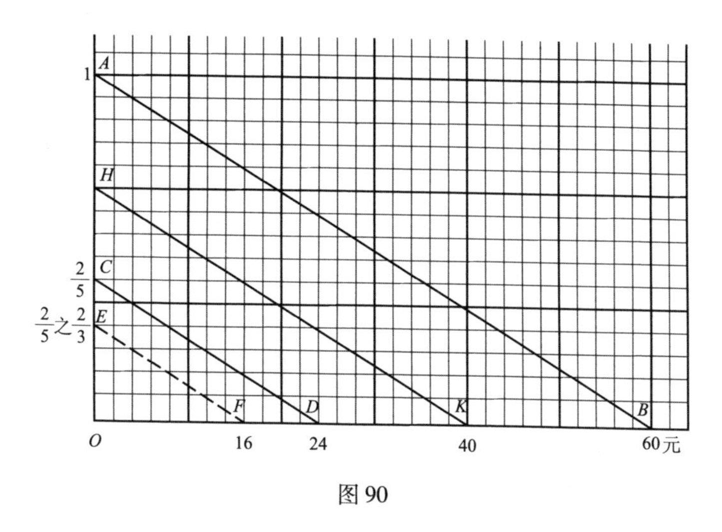

图 90

60 元 $\times \frac{2}{5}$ = 24 元（OD）……甲得的

24 元 $\times \frac{2}{3}$ = 16 元（OF）……乙得的

60 元 −（24 元 + 16 元）= 60 元 − 40 元 = 20 元……丙得的

⋮　⋮　⋮　⋮　⋮　⋮

OB　OD　DK　OB　OK　KB

例四　某人存 90 银圆，每次取余存的 $\frac{1}{3}$，连取 3 次，每次取出多少，还剩多少？

这个问题，参照前面的来，当然很简单．大概也是因为如此，马先生才留给我们自己做．我只将图画在这里，作为参考．其实只是一个连分数的问题．——OD 指示第一次取 30 元，DF 指示第二次取 20 元，FH 指示第三次取 $13\frac{1}{3}$ 元．所剩的是 HB，$26\frac{2}{3}$ 元．

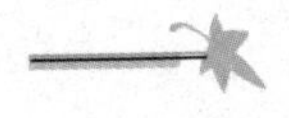

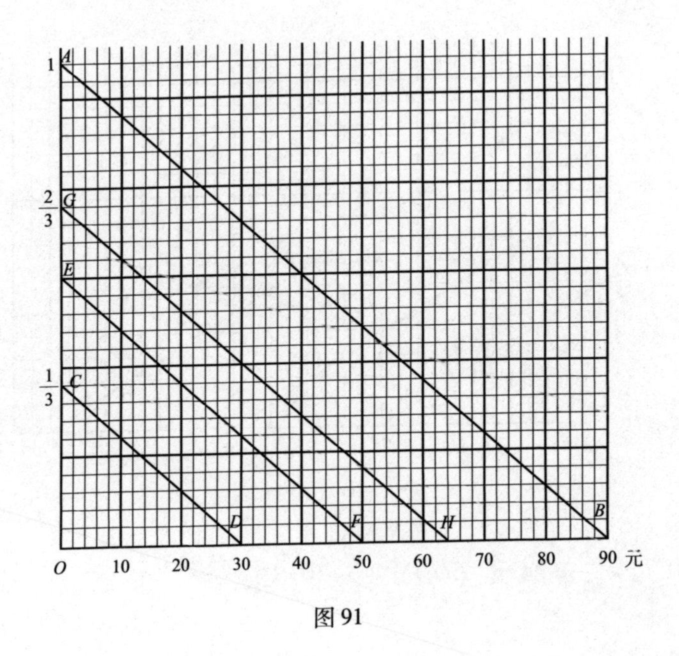

图 91

23

三态之三——求全

例一　什么数的$\frac{3}{4}$是12？

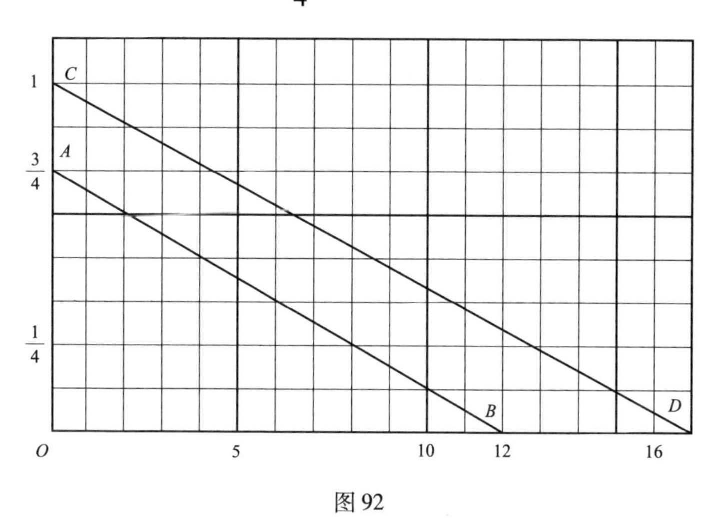

图 92

“这是知道了某数的部分，而要求它的整个儿，和前一种正相反．所以它的画法，不用说，只是将前一种方法反其道而行了．”马先生说．

“横线表示数，这用不着说，纵线表分数，$\frac{3}{4}$怎样画法？”

“先任取一长段作 1，再将它四等分，就可得 $\frac{1}{4}$，$\frac{2}{4}$，$\frac{3}{4}$ 各点 .”一个同学说 .

“这样的办法，对是对的，不过不便捷 .”马先生批评道 .

“先任取一小段作 $\frac{1}{4}$，再连续次第取等长表示 $\frac{2}{4}$，$\frac{3}{4}$.”周学敏 .

“这就比较便当了 .”说完，马先生在 $\frac{3}{4}$ 的那一点标一个 A，12 那点标一个 B，又在 1 那点标一个 C，“这样一来，怎样画法?”

“先连结 AB，再过 C 作它的平行线 CD. D 点指示的 16——它的 $\frac{1}{4}$ 是 4，它的 $\frac{3}{4}$ 正好是 12. ——就是所求的数 .”

依照求偏的样儿，把倍数的意义看得广泛一点，这类题的计算法，正和知道某数的倍数，求某数一般无异，都应当用除法 . 例如，某数的 5 倍是 105，则：

$$某数 = 105 \div 5 = 21$$

而本题，某数的 $\frac{3}{4}$ 是 12，所以：

$$某数 = 12 \div \frac{3}{4} = 12 \times \frac{4}{3} = 16$$

例二　某数的 $2\frac{1}{3}$ 是 21，某数是多少?

本题和前一题可以说完全相同，由它更可看出“知偏求全”与知道倍数求原数一样 .

图中 AB 和 CD 两条直线的作法，和前一题相同，D 指示某数是 9. 它的 2 倍是 18，它的 $\frac{1}{3}$ 是 3，它的 $2\frac{1}{3}$ 正好是 21. 这题的计算法，是这样：

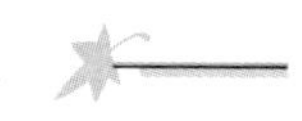

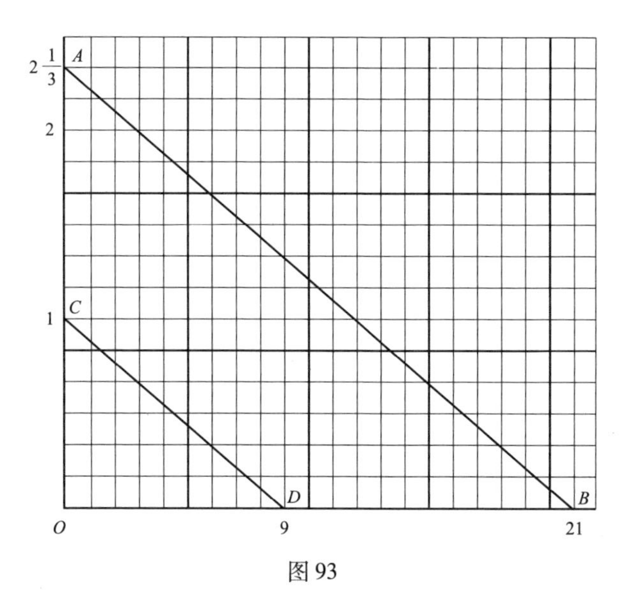

图 93

$$21 \div 2\frac{1}{3} = 21 \div \frac{7}{3} = 21 \times \frac{3}{7} = 9$$

例三 何数的 $\frac{1}{2}$ 与 $\frac{1}{3}$ 的和是 15?

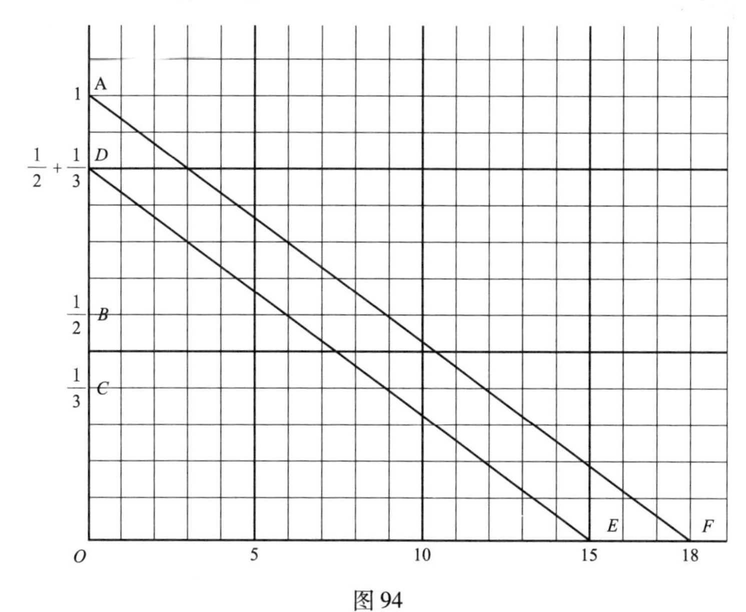

图 94

“本题的要点是什么?”马先生问.

"先看某数的$\frac{1}{2}$与它的$\frac{1}{3}$的和，是它的几分之几．"王有道回答．

这图94是周学敏作的．先取OA作1，次取它的$\frac{1}{2}$（为OB），和$\frac{1}{3}$（为OC）．再把OC加到OB上得OD，BD自然是OA的$\frac{1}{3}$. 所以OD就是OA的$\frac{1}{2}$与$\frac{1}{3}$的和．

连DE，作AF平行于DE，F指明某数是18.

计算法是：

$$\underset{OE}{15} \div \left(\underset{OB}{\frac{1}{2}} + \underset{OC\,(BD)}{\frac{1}{3}}\right) = 15 \div \underset{OD}{\frac{5}{6}} = 15 \times \frac{6}{5} = \underset{OF}{18}$$

例四　何数的$\frac{2}{7}$与$\frac{1}{5}$的差是6?

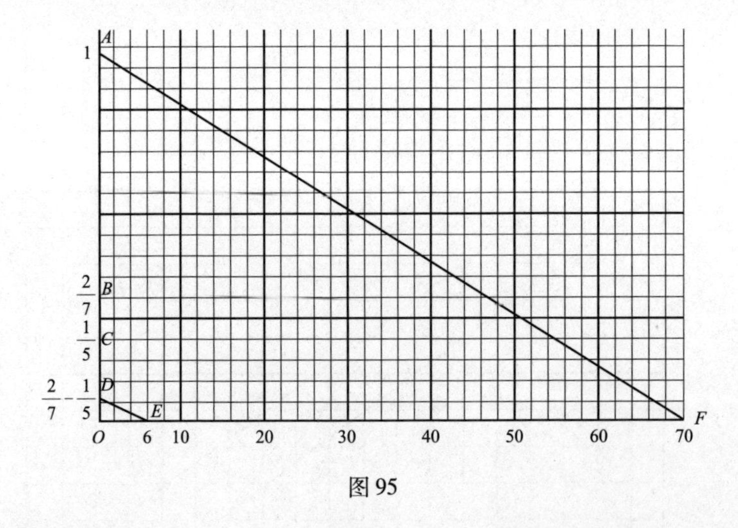

图95

和前一题相比较，只是和换成差，这一点不同．所以它的作法也只有从OB减去OC，得OD表示$\frac{2}{7}$与$\frac{1}{5}$的差，这一点不同．F指明所求的数是70.

计算法是这样：

$$6 \div \left(\frac{2}{7} - \frac{1}{5}\right) = 6 \div \frac{3}{35} = 6 \times \frac{35}{3} = 70$$

⋮　⋮　⋮　⋮　⋮

OE　*OB*　*OC*（*BD*）　*OD*　*OF*

例五　大小两数的和是21，小数是大数的$\frac{3}{4}$，求两数.

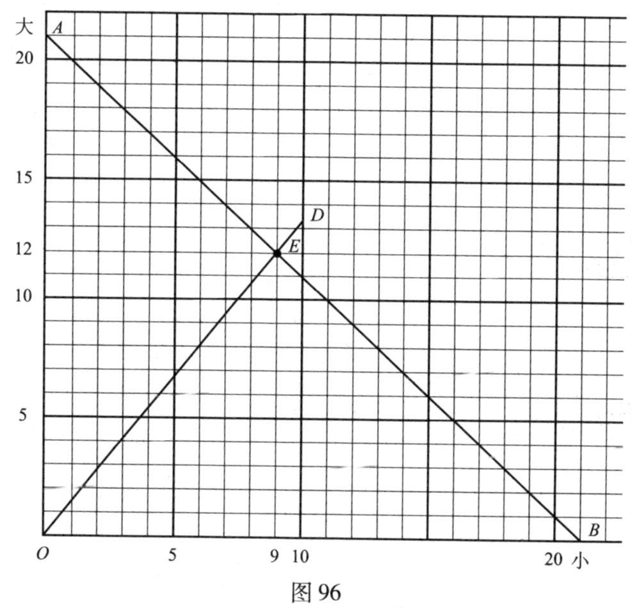

图96

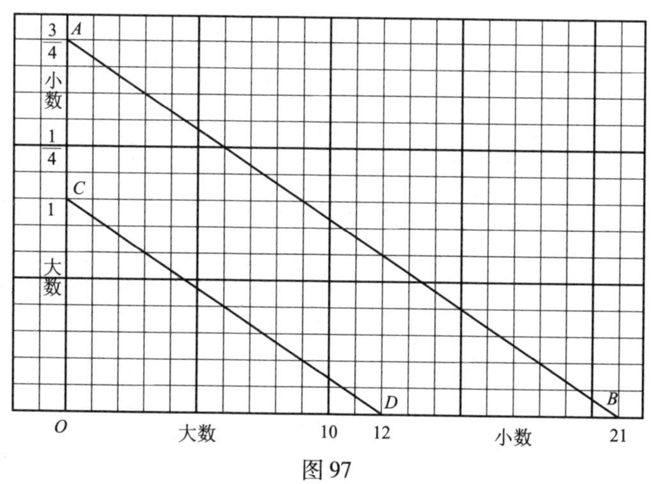

图97

就广义的倍数说，这个题和第 4 讲的例二完全一样．照图 11 的作法，可得图 96. 若照前例的作法，把大数看成 1，小数就是 $\frac{3}{4}$，可得图 97. 两相比较，真是殊途同归了．

至于计算法，更不用说，只有一个了．

$$21\div\left(1+\frac{3}{4}\right)=21\div\frac{7}{4}=21\times\frac{4}{7}=12$$

（21：和 OB；1：大数 OC；$\frac{3}{4}$：小数 CA；$1+\frac{3}{4}$：OA，大数的 $1\frac{3}{4}$ 倍；12：大数 OD）

$$21-12=9$$

（21：和 OB；12：大数 OD；9：小数 DB）

例六　大小两数的差是 4，大数恰是小数的 $\frac{4}{3}$，求两数．

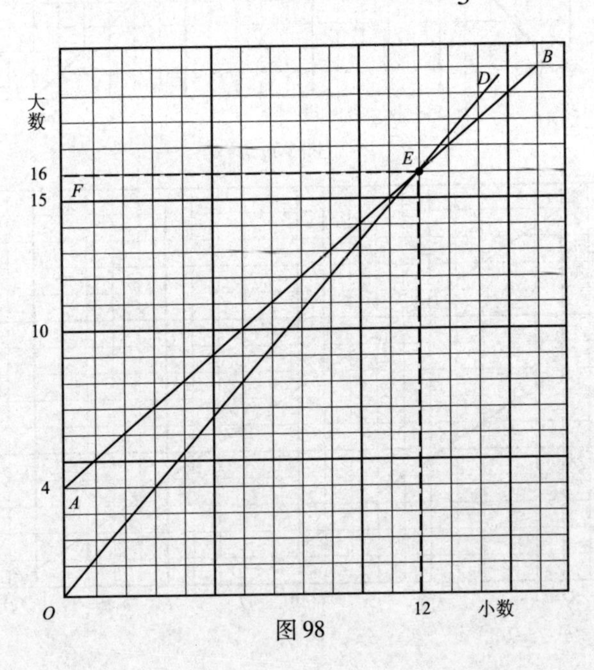

图 98

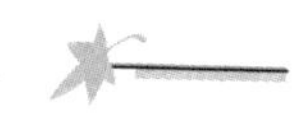

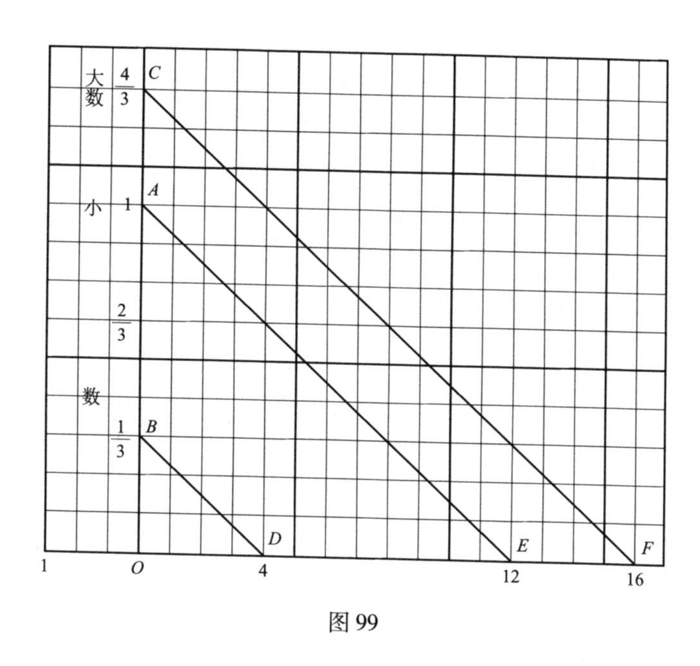

图 99

这题和第 4 讲的例三，内容完全相同，图 98 就是依图 12 作的．图 99 的作法和图 97 的相仿，不过是将小数看成 1，得 OA. 取 OA 的 $\frac{1}{3}$，得 OB. 将 OB 的长加到 OA 上，得 OC. 它是 OA 的 $\frac{4}{3}$，即大数．D 点表示 4，连 BD. 作 AE、CF 和 BD 平行．E 指小数，是 12；F 指大数，是 16.

计算法是这样：

$$\underset{\text{差}OD}{4} \div \left(\underset{\text{大数}OC}{\frac{4}{3}} - \underset{\text{小数}OA(CB)}{1}\right) = 4 \div \underset{OB}{\frac{1}{3}} = \underset{\text{小数}OE}{12},\ 12 + \underset{\text{差}OD(EF)}{4} = \underset{\text{大数}OF}{16}$$

例七　某人用去存款的 $\frac{1}{3}$，后又用去所余的 $\frac{1}{5}$，还存 16 元，他原来的存款是多少？

“这题的图的作法，第一步，可先取一长段 OA 作 1，然后减去它的

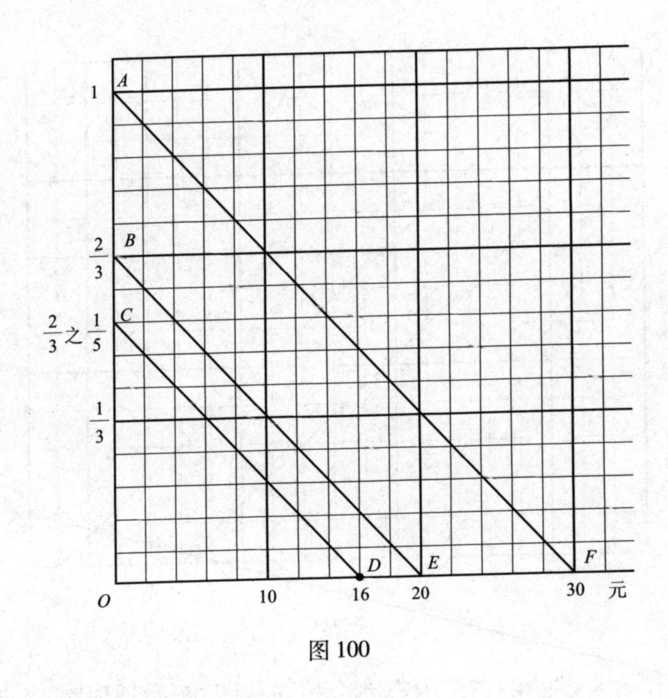

图 100

$\frac{1}{3}$，怎样减法?”马先生.

“把 OA 三等分，从 A 向下取 AB 等于 OA 的 $\frac{1}{3}$，OB 就表示所剩的.”我回答.

“不错！第二步呢?”

“从 B 向下取 BC 等于 OB 的 $\frac{1}{5}$，OC 就是表示第二次取后所剩的.”周学敏.

“对！OC 就和 OD 所表示的 16 元相等了. 你们各自把图作完吧!”马先生吩咐.

自然，这又是老法子. 连 CD，作 BE、AF 和它平行，OF 所表示的 30 元，就是原来的存款. 由这图上，还可看出，第一次所取的是 10 元，第二次是 4 元. 看了图后计算法自然可以得出:

$$16\text{元} \div \left[1 - \frac{1}{3} - \left(1 - \frac{1}{3}\right) \times \frac{1}{5}\right] = 16\text{元} \div \frac{8}{15} = 30\text{元}$$

⋮ ⋮ ⋮ ⋮ ⋮ ⋮

OD *OA* *AB* *OB* *OC* *OF*

例八 有一桶水，漏去$\frac{1}{3}$，汲出 2 斗，还剩半桶，这桶水原来是多少？

“这个题，画图的话，不是很顺畅，你们能把它的顺序更改一下吗？”马先生问．

“题上说，最后剩的是半桶，由此可见漏去和汲出的也是半桶，先就这半桶来画图好了．”王有道．

“这个办法很不错，虽然看似已把题目改变，实质上却一样．”马先生说，“那么，作法呢？”

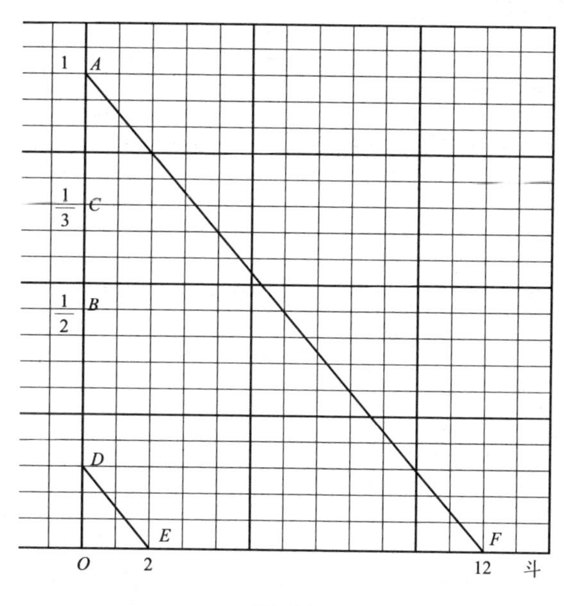

图 101

“先任取 *OA* 作 1. 截去一半 *AB*，得 *OB*，也是一半．三等分 *AO* 得 *AC*. 从 *BO* 截去 *AC* 得 *D*，*OD* 相当于汲出的水 2 斗……”王有道说到这里，我已知道，以下自然又是老法门，连 *DE*，作 *AF* 和它平行．*F* 指出这桶水原来是 12 斗.——先漏去 $\frac{1}{3}$ 是 4 斗，后汲去 2 斗，只剩 6 斗，恰好半桶.

算法是：

$$2\text{斗}\div\left(1-\frac{1}{2}-\frac{1}{3}\right)=2\text{斗}\div\frac{1}{6}=12\text{斗}$$

$$\begin{matrix}\vdots & \vdots\ \vdots & \vdots & \vdots \\ OE & OA\quad BA & BD\ (AC) & OD\quad OF\end{matrix}$$

例九　有一段绳，剪去 9 尺，余下的部分比全长的 $\frac{3}{4}$ 还短 3 尺，求这绳原长多少？

这个题，不过有个小弯子在里面，一经马先生这样提示——“少剪去 3 尺”，我便明白作法了.

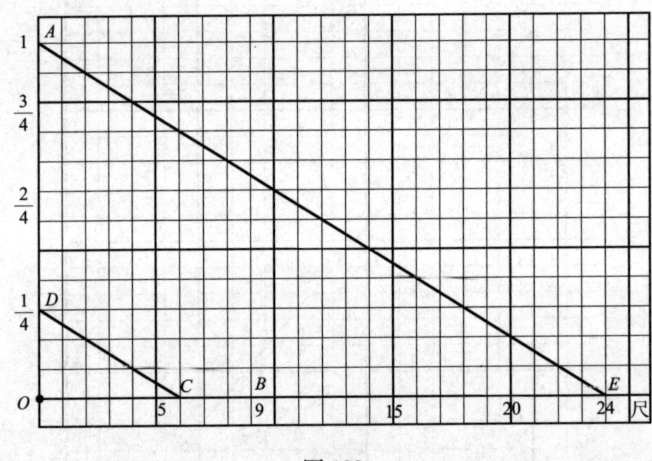

图 102

图 102 中，OB 表示剪去的 9 尺. BC 是 3 尺. 若少剪 3 尺，则剪去的便只是 OC. 从 C 往右正是全长的 $\frac{3}{4}$. OA 表 1，AD 是 OA 的 $\frac{3}{4}$. 连 DC，作 AE 和它平行. E 指明这绳原来是 24 尺. 它的 $\frac{3}{4}$ 是 18 尺. 它被剪去了 9 尺，只剩 15 尺，比 18 尺恰好差 3 尺.

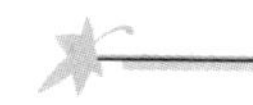

经过这番作法，算法也就很明白了：

$$\begin{array}{cccccc}(9\text{尺}-3\text{尺}) & \div\left(1-\frac{3}{4}\right) & =6\text{尺} & \div\frac{1}{4} & =24\text{尺}\end{array}$$

$$\begin{array}{cccccc}\vdots & \vdots & \vdots & \vdots & \vdots & \vdots \\ OB & CB & OA & DA & OC & OD\end{array}$$

例十　夏竹君提取存款的 $\frac{2}{5}$，后又存入 200 元，恰好是原存款的 $\frac{2}{3}$，求原来的存款是多少？

从讲分数的应用问题起，直到前一个例题，我都没有感到困难，这个题，我却有点儿应付不了了．马先生似乎已看破，我们有大半人对着它无从下手，他说：

“你们先不要对着题去闷想，还是动手的好．”但是怎样动手呢？题目所说的，都不曾得出一些关联来．

“先作表示 1 的 OA. 再作表示 $\frac{2}{5}$ 的 AB. 又作表示 $\frac{2}{3}$ 的 OC. ”马先生好像体育老师喊口令一样．

“夏竹君提取存款的 $\frac{2}{5}$，剩的是什么？”他问．

“$\frac{3}{5}$. ”周学敏．

“不，我问的是图上的线段．”马先生．

“OB. ”周学敏没有回答，我说．

“存入 200 元后，存的有多少？”

“OC. ”我回答．

“那么，和这存入的 200 元相当的是什么？”

“BC. ”周学敏抢着说．

“这样一来，图会画了吧？”

我仔细想了一阵，又看看前面的几个图，都是把和实在的数目相当

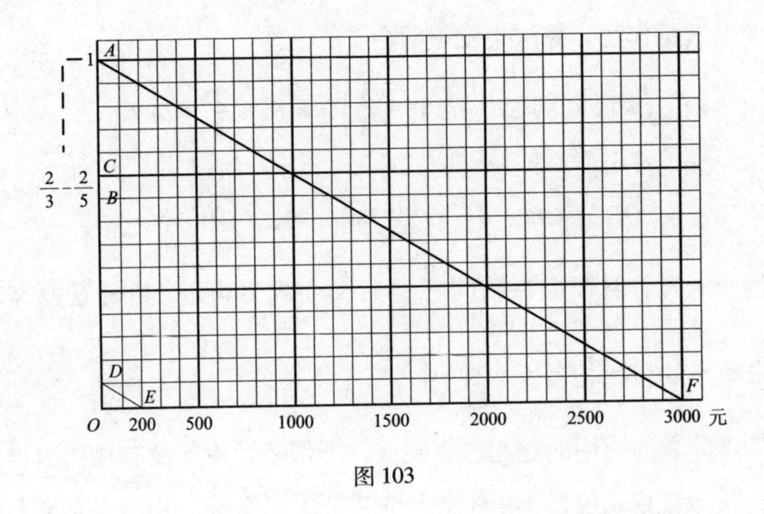

图 103

的分数放在最下面——这大概是一点小小的秘诀——我就取 OD 等于 BC. 连 DE，作 AF 平行于它 . F 指的是 3000 元，这个数使我有点儿怀疑，好像太大了 . 我就又验证了一下，3000 元的 $\frac{2}{5}$ 是 1200 元，提取后还剩 1800 元 . 加入 200 元，是 2000 元，不是 3000 元的 $\frac{2}{5}$ 是什么？——方法对了，做得仔细，结果总是对的，为什么要怀疑？

这个作法，已把计算法明明白白地告诉我们了：

$$\underset{OE}{200\text{ 元}} \div \left[\underset{OC}{\frac{2}{3}} - \left(\underset{OA}{1} - \underset{BA}{\frac{2}{5}}\right)\right] = 200\text{ 元} \div \left[\frac{2}{3} - \underset{OB}{\frac{3}{5}}\right] = 200\text{ 元} \div \underset{OD\,(BC)}{\frac{1}{15}} = \underset{OF}{3000\text{ 元}}$$

例十一　把 36 分成甲、乙、丙三部分，甲的 $\frac{1}{2}$，乙的 $\frac{1}{3}$，丙的 $\frac{1}{4}$ 都相等，求各数 .

对于马先生的指导，我真要铭感五内了 . 这个题，在平常，我一定没有办法解答，现在遵照马先生前一题的提示“先不要对着题闷想，还是动手的好”. 动起手来 .

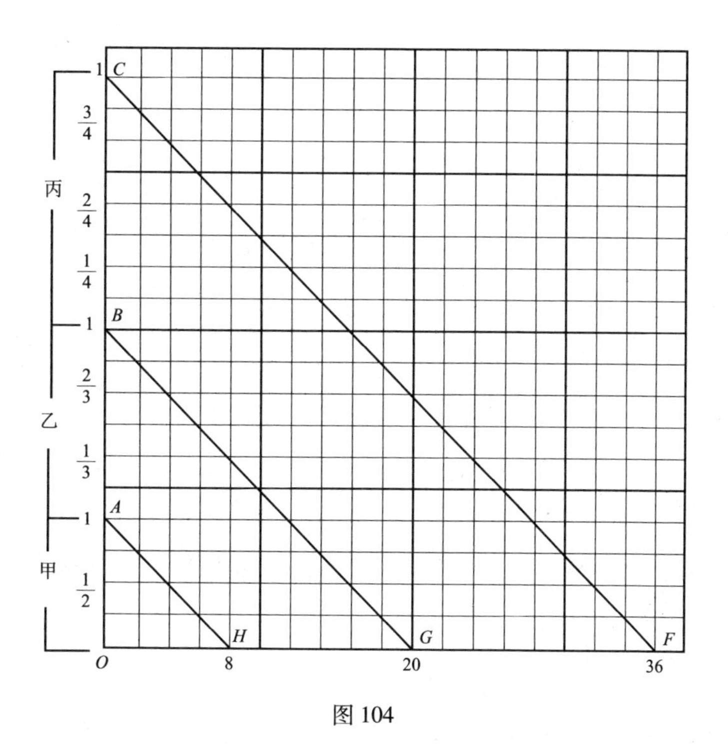

图 104

先取一小段作甲的 $\frac{1}{2}$，取两段得 OA，这就是甲的 1. 题目上说乙的 $\frac{1}{3}$ 和甲的 $\frac{1}{2}$ 相等，我就连续取同样的三小段，每一段作乙的 $\frac{1}{3}$，得 AB，这就是乙的 1. 再取同样的四小段，每一段作丙的 $\frac{1}{4}$，得 BC，这就是丙的 1.

连 CF，又作它的平行线 BG 和 AH. OH，HG 和 GF 各表示 8，12，16，就是所求的甲、乙、丙三个数 . 8 的 $\frac{1}{2}$，12 的 $\frac{1}{3}$ 和 16 的 $\frac{1}{4}$ 全都等于 4.

至于算法我倒想着无妨别致一点：

$$
\begin{array}{cccccc}
36 \div \Big(\frac{1}{2}\times 2 & +\frac{1}{2}\times 3 & +\frac{1}{2}\times 4\Big) & =36\div\frac{9}{2} & = 8 \\
\vdots \qquad \vdots & \vdots & \vdots & \vdots & \vdots \\
OF \qquad OA & AB & BC & OC & OH\ (甲)
\end{array}
$$

$$\underbrace{8 \times \frac{1}{2}}_{\text{甲的}\frac{1}{2}\text{，乙的}\frac{1}{3}} \times 3 = 12$$

$\vdots$

HG（乙）

$$\underbrace{8 \times \frac{1}{2}}_{\text{甲的}\frac{1}{2}\text{，丙的}\frac{1}{4}} \times 4 = 16$$

$\vdots$

GF（丙）

例十二 分490元，给赵、钱、孙、李四个人．赵比钱的$\frac{2}{3}$少30元，孙等于赵、钱的和，李比孙的$\frac{2}{3}$少30元，每人各得多少？

“这个题有点儿麻烦了，是不是？人有四个，条件又啰唆．你们坐了这一阵，也有点儿疲倦了．我来说个故事，给你们解解闷，好不好？”听到马先生要说故事，大家的精神都为之一振．

“话说——”马先生一开口，惹得大家都笑了起来，“从前有一个老头子．他有三个儿子和十七头牛．有一天，他病了，觉得大限快要到了，因为他已经九十多岁了，就叫他的三个儿子到面前来，吩咐他们：‘我的牛，你们三兄弟分，照我的说法去分，不许争吵：老大要$\frac{1}{2}$，老二要$\frac{1}{3}$，老三要$\frac{1}{9}$.’

“不久后老头子果然死了．他的三个儿子把后事料理好以后，就牵出十七头牛来，按照他的要求分．老大要$\frac{1}{2}$，就只能得八头活的和半头死的．老二要$\frac{1}{3}$，就只能得五头活的和$\frac{2}{3}$头死的．老三要$\frac{1}{9}$，只能

 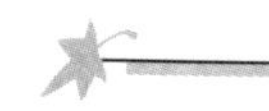

得一头活的和 $\frac{8}{9}$ 头死的．虽然他们没有争吵，但不知道怎么分才合适，谁都不愿要死牛．

“后来他们一同去请教隔壁的李太公，他向来很公平，他们很佩服．他们把一切情形告诉了李太公．李太公笑眯眯地牵了自己的一头牛，跟他们去．他说：‘你们分不好，我送你们一头，再分好了．’

“他们三兄弟有了十八头牛：老大分 $\frac{1}{2}$，牵去 9 头；老二分 $\frac{1}{3}$，牵去 6 头；老三分 $\frac{1}{9}$，牵去 2 头．各人都高高兴兴地离开．李太公的一头牛他仍旧牵了回去．

“这叫李太公分牛．”马先生说完，大家又用笑声来回应他．他接着说：

“你们听了这个故事，学到点儿什么没有？”

“……”没有人回答．

“你们无妨学学李太公，做个空头人情，来替赵、钱、孙、李这四家分这笔账！”原来，他说李太公分牛的故事，是在提示我们，解决这个题，必须虚加些钱进去．这钱怎样加进去呢？

第一步，我想到了，赵比钱的 $\frac{2}{3}$ 少 30 元，若加 30 元去给赵，则他得的就是钱的 $\frac{2}{3}$.

不过，这么一来，孙比赵、钱的和又差了 30 元．好，又加 30 元去给孙，使他所得的还是等于赵、钱的和．

再往下看去，又来了，李比孙的 $\frac{2}{3}$ 已不止少 30 元．孙既然多得了 30 元，他的 $\frac{2}{3}$ 就多得了 20 元．李比他所得的 $\frac{2}{3}$，先少 30 元，现在又少 20 元．这两笔钱不用说也得加进去．

虚加进这几笔数后，则各人所得的，赵是钱的 $\frac{2}{3}$，孙是赵、钱的和，而李是孙的 $\frac{2}{3}$，他们彼此间的关系就简明多了.

跟着这一堆说明画图已成了很机械的工作.

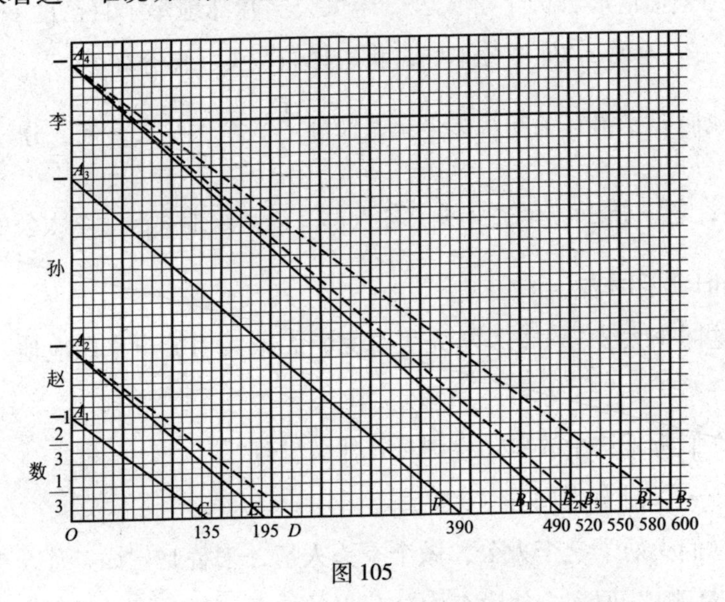

图 105

先取 OA_1 作钱的 1. 次取 A_1A_2 等于 OA_1 的 $\frac{2}{3}$，作为赵的. 再取 A_2A_3 等于 OA_2，作为孙的. 又取 A_3A_4 等于 A_2A_3 的 $\frac{2}{3}$，作为李的.

在横线上，取 OB_1 表示 490 元. B_1B_2 表示添给赵的 30 元. B_2B_3 表示添给孙的 30 元. B_3B_4 和 B_4B_5 表示添给李的 30 元和 20 元.

连 A_4B_5 作 A_1C 和它平行，C 指 135 元，是钱所得的.

作 A_2D 平行于 A_1C，由 D 减去 30 元，得 E. CE 表示 60 元，是赵所得的.

作 A_3F 平行于 A_2E，EF 表示 195 元，是孙所得的.

作 A_4B_2 平行于 A_3F，由 B_2 减去 30 元，正好得指 490 元的 B_1. FB_1 表示 100 元，是李所得的.

至于计算的方法，由作图法，已显示得非常清楚：

$$[490元+30元+30元+(30元+20元)]\div\left[1+\frac{2}{3}+\left(1+\frac{2}{3}\right)+\left(1+\frac{2}{3}\right)\times\frac{2}{3}\right]$$

⋮ ⋮ ⋮ ⋮ ⋮ ⋮ ⋮ ⋮ ⋮

OB_1 B_1B_2 B_2B_3 B_3B_4 B_4B_5 OA_1 A_1A_2 A_2A_3 A_3A_4

$$=600元\div\frac{40}{9}=135元$$……钱所得的

⋮ ⋮ ⋮

OB_5 OA_4 OC

$$135元\times\frac{2}{3}-30元=90元-30元=60元$$……赵所得的

⋮ ⋮ ⋮

CD ED CE

$$135元+60元=195元$$……孙所得的

⋮ ⋮ ⋮

OC CE OE（EF）

$$195元\times\frac{2}{3}-30元=100元$$……李所得的

⋮ ⋮ ⋮

FB_2 B_1B_2 FB_1

例十三　某人将他所有的存款分给他的三个儿子，幼子得 $\frac{1}{9}$，次子得 $\frac{1}{4}$，余下的归长子所得．长子比幼子多得 38 元．这人的存款是多少？三子各得多少？

这题是一个同学提出来的，其实和例九只是面目不同罢了．马先生虽然也很仔细地给他讲解，我只将图的作法记在这里．

取 OA 表某人的存款 1．从 A 起截去 OA 的 $\frac{1}{4}$ 得 A_1，AA_1 表次子得的．从 A_1 起截去 OA 的 $\frac{1}{9}$ 得 A_2，A_1A_2 表幼子得的．自然 A_2O 就是长子所得的了．从 A_2 截去 $A_1A_2\left(\frac{1}{9}\right)$ 得 A_3，A_3O 表长子比幼子多得的，相当于 38 元（OB_1）.

连 A_3B_1，作 A_2B_2、A_1B_3 和 AB 平行于 A_3B_1. ——某人的存款是 72 元，长子得 46 元，次子得 18 元，幼子得 8 元.

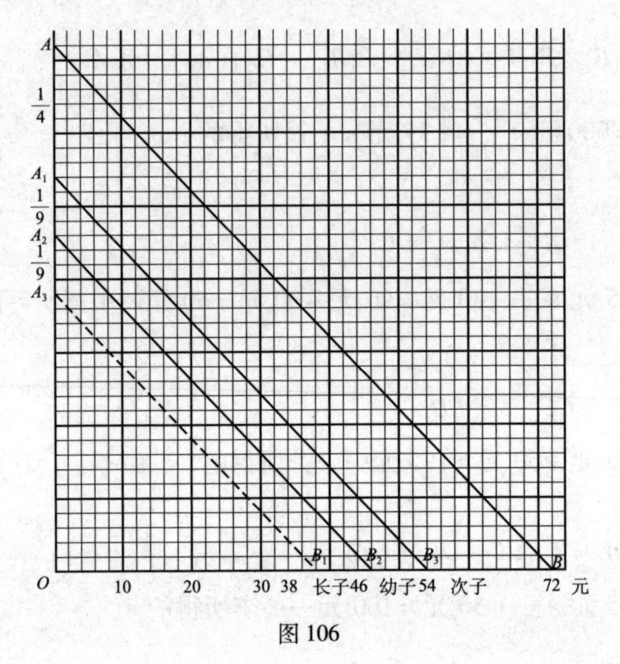

图 106

例十四　弟弟的年纪比哥哥的小 3 岁，而是哥哥的 $\frac{5}{6}$，求各人的年纪.

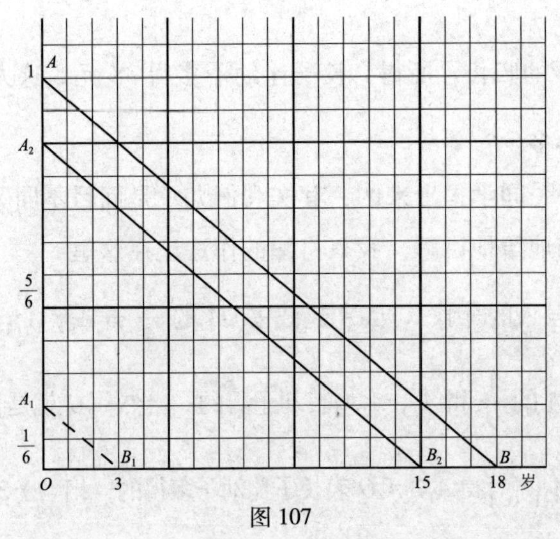

图 107

这题和例六在算理上完全一样．我只把图画在这里，并且将算式写出来．

$$3\text{岁}\div\left(1-\frac{5}{6}\right)=3\text{岁}\div\frac{1}{6}=18\text{岁}\cdots\cdots\text{哥哥的}$$

⋮　⋮　⋮　⋮　⋮

OB_1　OA　A_1A　OA_1　OB

$$18\text{岁}-3\text{岁}=15\text{岁}\cdots\cdots\text{弟弟的}$$

⋮　⋮　⋮

OB　OB_1（B_2B）　OB_2

例十五　某人四年前的年纪，是八年后的年纪的 $\frac{3}{7}$，求此人现在的年纪．

要点！要点！马先生写好了题，就叫我们找它的要点．我仔细揣摩一番，觉得题上所给的是某人 4 年前和 8 年后两个年纪的关系．先从这点下手，自然直接一些．周学敏和我的意见相同，他向马先生陈述，马先生也认为对．由这要点，我得出下面的作图法．

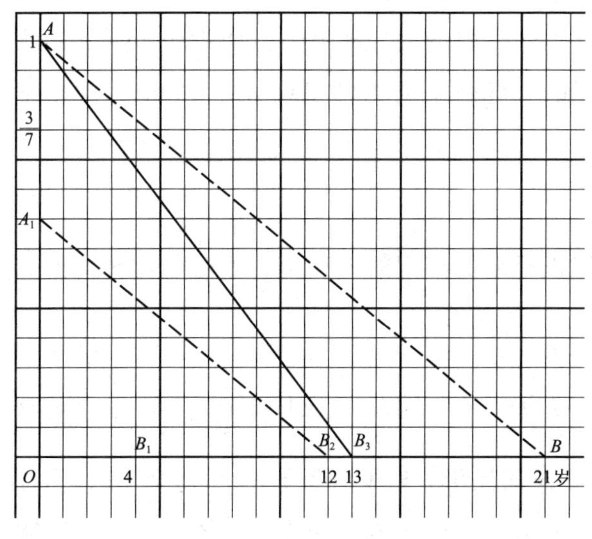

图 108

取 OA 表示某人 8 年后的年纪 1. 从 A 截去它的 $\frac{3}{7}$，得 A_1 点，则 OA_1 就是某人 8 年后和 4 年前两个年纪的差，相当于 4 岁（OB_1）加上 8 岁（B_1B_2）得 B_2.

连 A_1B_2，作 AB 平行于 A_1B_2. B 指的 21 岁，便是某人 8 年后的年纪.

从 B 退回 8 年，得 B_3. 它指的是 13 岁，就是某人现在的年纪.——4 年前，他是 9 岁，正好是他 8 年后 21 岁的 $\frac{3}{7}$.

这一来，算法自然有了：

$$\underset{OB_1}{(4\text{岁}}+\underset{B_1B_2}{8\text{岁})}\div\left(\underset{OA}{1}-\underset{A_1A}{\frac{3}{7}}\right)-\underset{B_3B}{8\text{岁}}=\underset{OB_2}{12\text{岁}}\div\underset{OA_1}{\frac{4}{7}}-\underset{B_3B}{8\text{岁}}=\underset{OB}{21\text{岁}}-\underset{B_3B}{8\text{岁}}=\underset{OB_3}{13\text{岁}}$$

例十六　兄比弟大 8 岁，12 年后，兄年比弟年的 $1\frac{3}{5}$ 倍少 10 岁，求各人现在的年纪.

“又要来一次李太公分牛了.”马先生这么一说，我就想到，解决本题，得虚加一个数进去. 从另一方面设想，兄比弟大 8 岁，这个差是一成不变的. 题目上所给的是两兄弟 12 年后的年纪的关系，为了直接一点，自然应当从 12 年后，他们的年纪着手.——这一来，好了，假如兄比弟大 10 岁——这就是要虚加进去的——那么，在 12 年后，他的年纪正是弟的年纪的 $1\frac{3}{5}$ 倍，不过他比弟大的却是 18 岁了.

作图法是这样：

取 OA 作 12 年后弟年的 1. 取 AA_1 等于 OA 的 $\frac{3}{5}$，则 OA_1 便是 12 年后，又加上 10 岁的兄年. 取 OA_2 等于 AA_1，它便是 12 年后，——当然也就是现在——兄加上 10 岁时，两人年纪的差，相当于 18 岁（OB）.

连 A_2B，作 AB_1 和它平行. B_1 指 30 岁，是弟 12 年后的年纪. 从中减

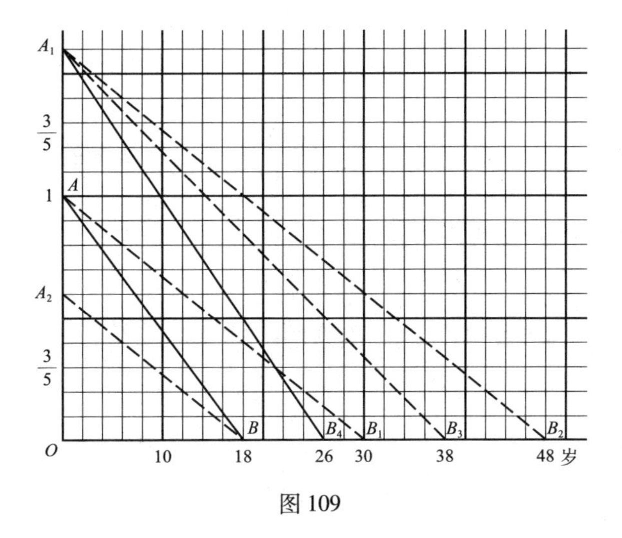

图 109

去 12 岁，得 B，就是弟现在的年纪 18 岁．

作 A_1B_2 平行于 A_2B. B_2 指 48 岁，是兄 12 年后，又加上 10 岁的年纪．减去这 10 岁，得 B_3，指 38 岁，是兄 12 年后的年纪．再减去 12 岁，得 B_4，指 26 岁，是兄现在的年纪．——正和弟现在的年纪 18 岁加上 8 岁相同，真是巧极了！

算法是这样：

$$(8\text{岁}+10\text{岁})\div\left(1\frac{3}{5}-1\right)-12\text{岁}=18\text{岁}\div\frac{3}{5}-12\text{岁}$$

（OB，OA_1，A_1A_2（OA），BB_1）

$$=30\text{岁}-12\text{岁}$$

（OB_1，BB_1）

$$=18\text{岁}\cdots\cdots\text{弟年}$$

（OB）

$$18\text{岁}+8\text{岁}=26\text{岁}\cdots\cdots\text{兄年}$$

（OB，BB_4，OB_4）

例十七　甲、乙两校学生共有372人，其中男生是女生的$\frac{35}{27}$. 甲校女生是男生的$\frac{4}{5}$，乙校女生是男生的$\frac{7}{10}$，求两校学生的数目.

王有道提出这个题，请求马先生指示画图的方法. 马先生踌躇一下，这样说：

“要用一个简单的图，表示出这题中的关系和结果，这是很困难的. 因为这个题，本可分成两段看：前一段是男女学生总人数的关系，后一段只说各校中男女学生人数的关系. 既然不好用一个图表示，就索性不用图吧！现在我们无妨化大事为小事，再化小事为无事. 第一步，先解决题目的前一段，两校的女生共多少人?”

这当然是很容易的：

$$372\text{人} \div \left(1+\frac{35}{27}\right)=372\text{人} \div \frac{62}{27}=162\text{人}$$

“男生共多少?”马先生见我们得出女生的人数以后问.

不用说，这更容易了：

$$372\text{人}-162\text{人}=210\text{人}$$

“好！现在题目已化得简单一点儿了. 我们来做第二步，为了说起来便当一些，我们说甲校学生的数目是甲，乙校学生的数目是乙.——再把题目更改一下，甲校女生是男生的$\frac{4}{5}$，那么，女生和男生各占全校的几分之几?”

“把甲校的学生看成1，因为甲校女生是男生的$\frac{4}{5}$，所以男生所占的分数是：

$$1 \div \left(1+\frac{4}{5}\right)=1 \div \frac{9}{5}=\frac{5}{9}$$

女生所占的分数是：

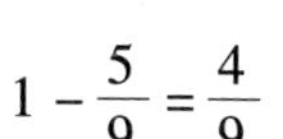

$$1-\frac{5}{9}=\frac{4}{9}$$

王有道回答完以后，马先生说：

“其实用不着这样小题大做．题目上说，甲校女生是男生的 $\frac{4}{5}$，那么甲校若有 5 个男生，应当有几个女生？”

“4 个”周学敏．

“好！一共是几个学生？”

“9 个．”周学敏又回答．

“这不是甲校男生占 $\frac{5}{9}$，甲校女生占 $\frac{4}{9}$ 了吗？——乙校的呢？”

“乙校男生占 $\frac{10}{17}$，乙校女生占 $\frac{7}{17}$．”还没等周学敏回答，我就说．

“这么一来，”马先生说，“我们可以把题目改成这样了：甲的 $\frac{5}{9}$ 同乙的 $\frac{10}{17}$，共是 210（1）；甲的 $\frac{4}{9}$ 和乙的 $\frac{7}{17}$，共是 162（2）．甲、乙各是多少？”

到这一步，题目自然比较简单了，但是算法，我还是想不清楚．

“再单就（1）来想想看．”马先生说，“化大事为小事，$\frac{5}{9}$ 的分子 5，$\frac{10}{17}$ 的分子 10，同着 210，都可用什么数除尽？”

“5！”两三个人高声回答．

“就拿这个 5 去把它们都除一下，结果怎样？”

“变成甲的 $\frac{1}{9}$，同乙的 $\frac{2}{17}$，共是 42．”王有道．

“你们再把 4 去将它们都乘一下看．”

“变成甲的 $\frac{4}{9}$，同乙的 $\frac{8}{17}$，共是 168．”周学敏．

“把这结果和上面的（2）比较一下，你们应当可以得出计算方法来了．今天费去的时间很久，你们自己去把结果算出来吧！”说完，马先生带着疲倦走出了教室．

对于（1）为什么先用5去除，再用4去乘，我原来不明白．后来，把这最后的结果和（2）比较一看，这才恍然大悟，原来两个当中的甲都是$\frac{4}{9}$了．先用5除，是找含有甲的$\frac{1}{9}$的数，再用4乘，便是使这结果所含的甲和（2）所含的相同．相同！相同！甲的是相同了，但乙的还不相同．

转个念头，我就想到：

168当中，含有$\frac{4}{9}$个甲，$\frac{8}{17}$个乙．

162当中，含有$\frac{4}{9}$个甲，$\frac{7}{17}$个乙．

若把它们，一个对着一个相减，那就得：

$$168-162=6$$

$\frac{4}{9}$个甲减去$\frac{4}{9}$个甲，结果没有甲了．

$\frac{8}{17}$个乙减去$\frac{7}{17}$个乙，还剩$\frac{1}{17}$个乙．——它正和人数相当．所以：

$$6\text{人}\div\frac{1}{17}=102\text{人}\cdots\cdots\text{乙校的学生数}$$

$$372\text{人}-102\text{人}=270\text{人}\cdots\cdots\text{甲校的学生数}$$

这结果，是否可靠，我有点儿不敢判断，只好检查一下：

$270\text{人}\times\frac{5}{9}=150\text{人}$……甲校男生，$270\text{人}\times\frac{4}{9}=120\text{人}$……甲校女生

$102\text{人}\times\frac{10}{17}=60\text{人}$……乙校男生，$102\text{人}\times\frac{7}{17}=42\text{人}$……乙校女生

$150\text{人}+60\text{人}=210\text{人}$……两校男生，$120\text{人}+42\text{人}=162\text{人}$……两校女生

最后的结果，和前面第一步所得出来的完全一样，看来我用不到怀疑了！

24

显出原形

今天所讲的是前面所说的第三类，单纯关于分数自身变化的问题，大都是在某一些条件下，找出原分数来，所以，我就给它起这么一个标题——显出原形.

“先从前面举过的例子说起.”马先生说了这么一句，就在黑板上写出：

例一　有一分数，其分母加1，则可约为$\frac{3}{4}$；其分母加2，则可约为$\frac{2}{3}$，求原分数.

“有理无理，从画线起.”马先生这样说，就叫各人把表示$\frac{3}{4}$和$\frac{2}{3}$的线画出来.我们只好遵命照办，画OA表示$\frac{3}{4}$，OB表示$\frac{2}{3}$.画完后，就束手无策了.

“很简单的事情，往往会向复杂、困难的路上去想，弄得此路不通.”马先生微笑着说，“OA表示$\frac{3}{4}$，不错，但$\frac{3}{4}$是哪儿来的呢？我替你们回答吧，是原分数的分母

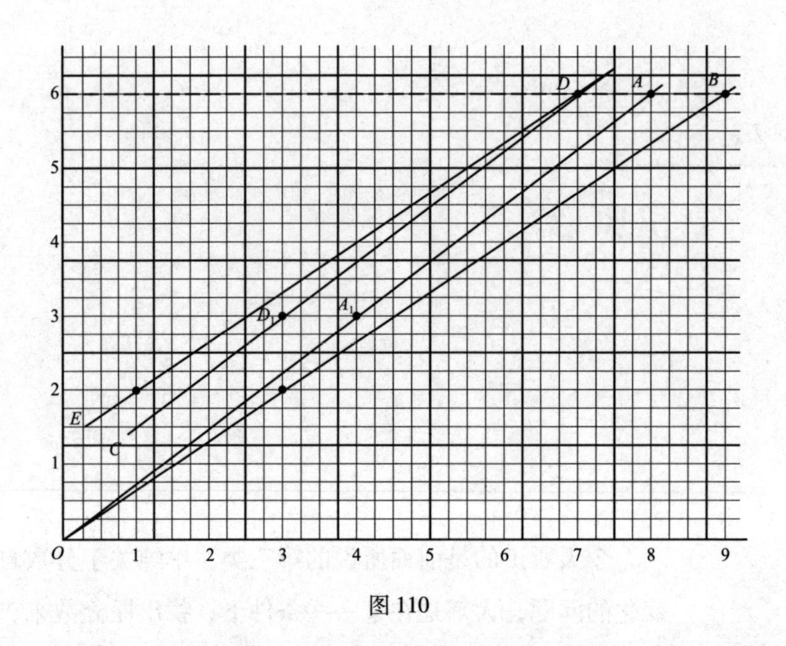

图 110

加上 1 来的．假使原分母不加上 1，画出来当然不是 OA 了．现在，我们来画一条和 OA 相距 1 的平行线 CD. CD 若表示分数，那么，它和 OA 上所表示的分子相同的分数，如 D_1 和 A_1（分子都是 3)，它们俩的分母有怎样的关系?”

“相差 1.” 我回答．

“这两直线上所有的同分子分数，它们俩的分母间的关系都一样吗?”

“都一样!” 周学敏．

“可见我们要求的分数总在 CD 线上．对于 OB 来说又应当怎样呢?”

“作 ED 和 OB 平行，两者之间相距 2.” 王有道．

“对的！原分数是什么?”

“$\frac{6}{7}$，就是 D 点所指示的．” 大家都非常高兴．

“和它分子相同，OA 线所表示的分数是什么?”

“$\frac{6}{8}$，就是$\frac{3}{4}$.”周学敏.

“*OB*线所表示的同分子的分数呢?”

“$\frac{6}{9}$，就是$\frac{2}{3}$.”我说.

“这两个分数的分母与原分数的分母比较有什么区别?”

“一个多1，一个多2.”由此可见，所求出的结果是不容怀疑的了.

这个题的计算法，马先生叫我们这样想：

“分母加上1，分数变成了$\frac{3}{4}$，分母是分子的多少倍?”

我想，假如分母不加1，分数就是$\frac{3}{4}$，那么，分母当然是分子的$\frac{4}{3}$倍.由此可知，分母是比分子的$\frac{4}{3}$差1.对了，由第二个条件说，分母比分子的$\frac{3}{2}$少2.

两个条件拼凑起来，便得分子的$\frac{4}{3}$和$\frac{3}{2}$相差的是2和1的差.所以：

$$(2-1)\div\left(\frac{3}{2}-\frac{4}{3}\right)=1\div\frac{1}{6}=6\cdots\cdots\text{分子}$$

$$\begin{matrix}\vdots & \vdots & \vdots & \vdots & \vdots & \vdots \\ DB & DA & O9 & O8 & AB & 89\end{matrix}$$

$$6\times\frac{4}{3}-1=8-1=7\cdots\cdots\text{分母}$$

例二 有一分数，分子加1，则可约成$\frac{2}{3}$；分母加1，则可约成$\frac{1}{2}$，求原分数.

这次，又可以依样画葫芦了.

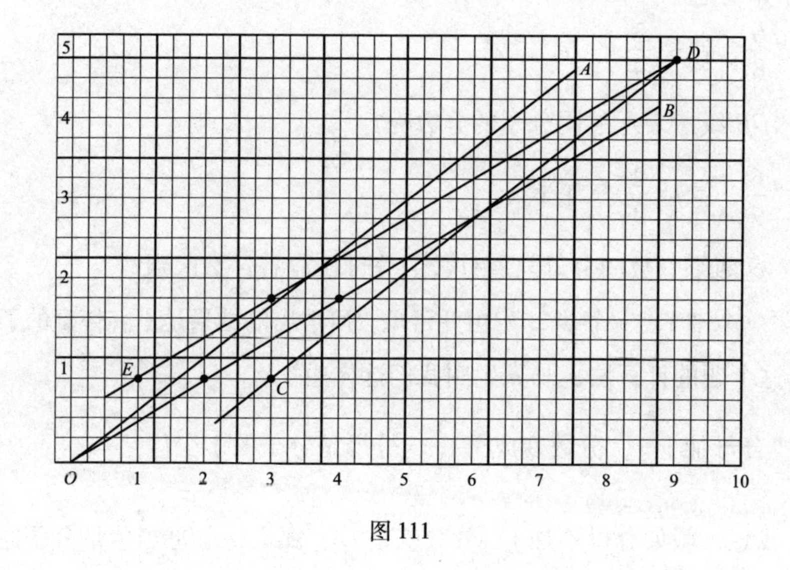

图 111

先作 OA 和 OB 分别表示 $\frac{2}{3}$ 和 $\frac{1}{2}$. 再在纵线 OA 的下面，和它距 1，作平行线 CD. 又在 OB 的左边，和它距 1，作平行线 ED，同 CD 交于 D.

D 指出原分数是 $\frac{5}{9}$. 分子加 1，成 $\frac{6}{9}$，即 $\frac{2}{3}$；分母加 1，成 $\frac{5}{10}$，即 $\frac{1}{2}$.

由第一个条件，知道分母比分子的 $\frac{3}{2}$ 倍多 $\frac{3}{2}$；

由第二个条件，知道分母比分子的 2 倍少 1.

所以：

$$\left(\frac{3}{2}+1\right)\div\left(2-\frac{3}{2}\right)=\frac{5}{2}\div\frac{1}{2}=5\cdots\cdots\text{分子}$$

$$5\times\frac{3}{2}+\frac{3}{2}=\frac{15}{2}+\frac{3}{2}=\frac{18}{2}=9\cdots\cdots\text{分母}$$

例三　某分数，分子减去 1，或分母加上 2，都可约成 $\frac{1}{2}$，原分数

是什么？

这个题目，真有些妙！就做法上说，因为分子减去 1 或分母加上 2，都可约成 $\frac{1}{2}$. 和前两题比较，表示分数的两条线 OA、OB，当然并成了一条 OA. 又因为分子是减去 1，作 OA 的平行线 CD 时，就得和前一题相反，需画在 OA 的上面．然而这么一来，却使我有些迷糊了．依第二个条件所作的线，也就是 CD，方法没有错，但结果呢？

马先生看我们作好图以后，这样问："你们求出来的原分数是什么？"

我真不知道怎样回答，周学敏却回答是 $\frac{3}{4}$. 这个答数当然是对的，图中的 E_2 指示的就是 $\frac{3}{4}$，并且分子减去 1，得 $\frac{2}{4}$，分母加上 2，得 $\frac{3}{6}$，约分后都是 $\frac{1}{2}$. 但 E_1 所指示的 $\frac{2}{2}$，分子减去 1 得 $\frac{1}{2}$，分母加上 2 得 $\frac{2}{4}$，约分后也是 $\frac{1}{2}$. 还有 E_3 所指的 $\frac{4}{6}$，E_4 所指的 $\frac{5}{8}$，都是合于题中的条件的．为什么这个题会有这么多答数呢？

马先生听了周学敏的回答，便问："还有别的答数没有？"

我们你说一个，他说一个，把 $\frac{2}{2}$，$\frac{4}{6}$ 和 $\frac{5}{8}$ 都说了出来．最奇怪的是，王有道回答一个 $\frac{11}{20}$. 不错，分子减去 1 得 $\frac{10}{20}$，分母加上 2 得 $\frac{11}{22}$，约分以后，都是 $\frac{1}{2}$. 我的图，画得小了一点，在上面找不出来．不过王有道的图，比我的也大不了多少，上面也没有指示 $\frac{11}{20}$ 这一点．他从什么地方得出来的呢？

马先生似乎也觉得奇怪，问王有道：

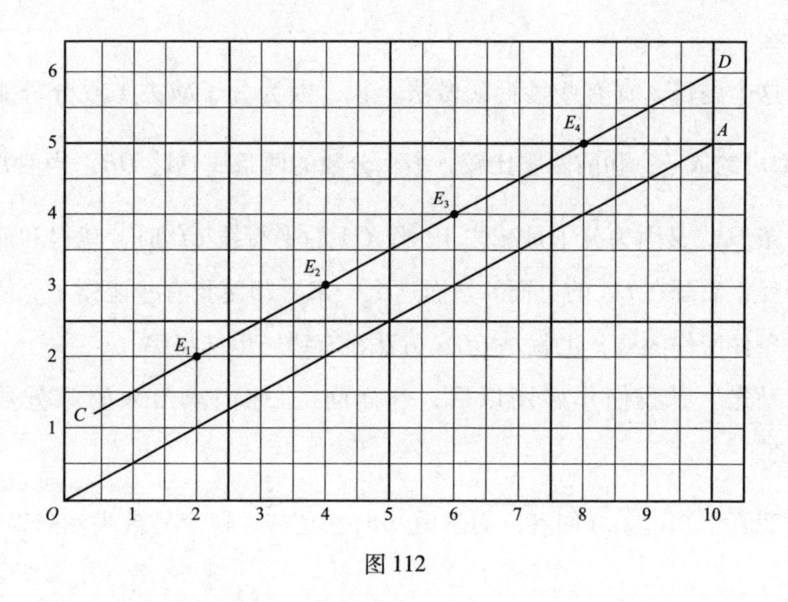

图 112

“这 $\frac{11}{20}$，你从什么地方得出来的？”

“偶然想到的．”他这样回答．在他也许是真情，在我却感到失望．马先生！马先生！只好静候他来解答这个谜了．

“这个题，你们已说出了五个答数．”马先生说，“其实你们要多少个都有，比如说，$\frac{6}{10}$，$\frac{7}{12}$，$\frac{8}{14}$，$\frac{9}{16}$，$\frac{10}{18}$，…都是．你们以前没有碰到过这样的事，所以会觉得奇怪，是不是？但有这样的事，自然就应当有这样的理．这点倒用得着‘见怪不怪，其怪自败’这句老话了．一切的怪事都不怪，所怪的只是我们还不曾知道它．无论多么怪的事，我们把它弄明白以后，它就变得极平常了．现在，你们先不要大惊小怪的．试把你们和我说过的答数，依着分母的大小，顺次排序．”

遵照马先生的话，我把这些分数排起来，得这样一串：

$$\frac{2}{2}，\frac{3}{4}，\frac{4}{6}，\frac{5}{8}，\frac{6}{10}，\frac{7}{12}，\frac{8}{14}，\frac{9}{16}，\frac{10}{18}，\frac{11}{20}$$

我马上就看出来：

第一，分母是一串连续的偶数；

第二，分子是一串连续的整数．

照这样推下去，当然 $\frac{12}{22}$，$\frac{13}{24}$，$\frac{14}{26}$，…都对，真像马先生所说的“要多少个都有”．我所看出来的情形，大家一样看了出来．马先生问明白大家以后，这样说：

“现在你们可算已看到‘有这样的事’了，我们应当进一步来找所以‘有这样的事’的理．不过你们姑且把这问题先放在一旁，先讲本题的计算法．”

跟着前两个题看下来，这是很容易的．

由第一个条件，分子减去 1，可约成 $\frac{1}{2}$，可见分母等于分子的 2 倍少 2.

由第二个条件，分母加上 2，也可约成 $\frac{1}{2}$，可见分母加上 2 等于分子的 2 倍．

呵！到这一步，我才恍然大悟，感到了“拨云雾见青天”的快乐！原来半斤和八两没有两样．这两个条件，“分母等于分子的 2 倍少 2”和“分母加上 2 等于分子的 2 倍”，其实只是一个——“分子等于分母的一半加上 1”．前面所举出的一串分数，都合于这个条件．因此，那一串分数的分母都是偶数，而分子是一串连续的整数．这样一来，随便用一个偶数做分母，都可以找出一个合题的分数来．例如，用 100 做分母，它的一半是 50，加上 1，是 51，即 $\frac{51}{100}$，分子减去 1，得 $\frac{50}{100}$；分母加上 2，得 $\frac{51}{102}$. 约分下来，它们都是 $\frac{1}{2}$. 这是多么简单的道理！

假如，我们用“整数的 2 倍”表示偶数，这个题的答数，就是这样一个形式的分数：

$$\frac{\text{某整数}+1}{2\times\text{某整数}}$$

这个情形，由图上怎样解释呢？我想起了在交差原理中有这样的话：

“两线不止一个交点会怎么样？”

“那就是这题不止一个答案……”

这里，两线合成了一条，自然可说有无穷的交点，而答案也是无数的了．

真的！“把它弄明白以后，它就变得极平常了．”

例四　从 $\frac{15}{23}$ 的分母和分子中减去同一个数，则可约成 $\frac{5}{9}$，求所减去的数．

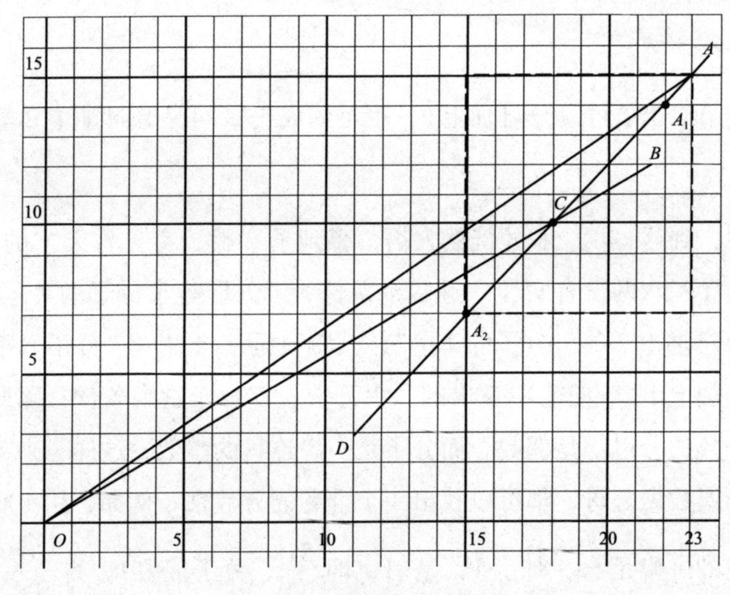

图 113

因为题上说的有两个分数，我们首先就把表示它们的两条直线 OA 和 OB 画出来．A 点所指的就是 $\frac{15}{23}$. 题目上说的是从分母和分子中减去同一个数，可约成 $\frac{5}{9}$，我就想到在 OA 的上、下都画一条平行线，并且

它们距 OA 相等.——呵！我又走入迷魂阵了！减去的是什么数还不知道，这平行线，怎样画法呢？大家都发现了这个难点，最终还是由马先生来解决.

“这回不能依样画葫芦了.”马先生说，“假如你们已经知道了减去的数，照抄老文章，怎样画法?”

我把我所想到的说了出来.

马先生接着说：

“这条路走错了，会越走越黑的. 现在你来实验一下. 实验和观察，是研究一切科学的初步工作，许多发明都是从实验中产生的. 假如从分母和分子中各减去1，得什么?”

“$\frac{14}{22}$.”我回答.

“各减去8呢?”

“$\frac{7}{15}$.”我再答道.

“你把这两个分数在图上记出来，看它们和指示$\frac{15}{23}$的 A 点，有什么关系?”

我点出 A_1 和 A_2，一看，它们都在经过小方格的对角线 AD 上. 我就把它们连起来，这条直线和 OB 交于 C 点. C 所指的分数是 $\frac{10}{18}$，它的分母和分子比 $\frac{15}{23}$ 的分母和分子都差5，而约分以后正是 $\frac{5}{9}$. 原来所减去的数，当然是5. 结果得出来了，但是为什么这样一画，就可得出来呢?

关于这一点，马先生的说明是这样：

“从原分数的分母和分子中减去同一个的数，所得的数用点表示出来，如 A_1 和 A_2. 就分母说，当然要在经过 A 这条纵线的左边；就分子说，在经过 A 这条横线的下面. 并且，因为减去的是同一个数，所以这些点到这纵线和横线的距离相等．这两条线可以看成是正方形的两边．正方形对角线上的点，无论哪一点到两边的距离都一样长．反过来，到正方形的两边距离一样长的点，也都在这条对角线上，所以我们只要画 AD 这条对角线就行了．它上面的点到经过 A 的纵线和横线距离既然相等，则这点所表示的分数的分母和分子与 A 点所表示的分数的分母和分子，所差的当然相等了．”

现在转到本题的算法．分母和分子所减去的数相同，换句话说，便是它们的差是一定的．这一来，就和第 8 节中所讲的年龄的关系相同了．我们可以设想为：

兄年 23 岁，弟年 15 岁，若干年前，兄年是弟年的 $\frac{9}{5}$（因为弟年是兄年的 $\frac{5}{9}$）．

它的算法便是：

$$15-(23-15)\div\left(\frac{9}{5}-1\right)=15-8\div\frac{4}{5}=15-10=5$$

例五　有大小两数，小数是大数的 $\frac{2}{3}$. 若两数各加 10，则小数为大数的 $\frac{9}{11}$，求各数．

“用这个容易的题目来结束分数四则问题，你们自己先画个图看．”马先生说．

容易！听到“容易”这两个字，反而使我感到有点儿莫名其妙了．我先画 OA 表示 $\frac{2}{3}$，又画 OB 表示 $\frac{9}{11}$. 按照题目所说的，小数是大数的 $\frac{2}{3}$，我就把小数看成分子，大数看成分母，这个分数可约成 $\frac{2}{3}$. 两数各加上 10，则小数为大数的 $\frac{9}{11}$. 这就是说，原分数的分子和分母各加上

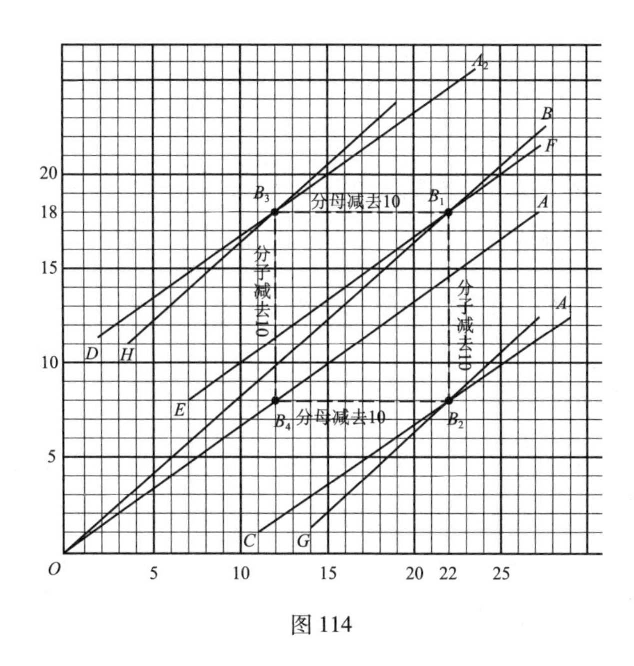

图 114

10，则可约成 $\frac{9}{11}$. 再在 OA 的右边，相隔 10 作 CA_1 和它平行．又在 OA 的上面，相隔 10 作 DA_2 和它平行．我想 CA_1 表示分母加了 10，DA_2 表示分子加了 10，它们和 OB 一定有什么关系，可以用这关系找出所要求的答案．哪里知道，三条直线毫不相干！容易！我却失败了！

我硬着头皮去请教马先生．他说：

“这又是‘六窍皆通’了．CA_1 既然表示分母加了 10 的分数，再把这分数的分子也加上 10，不就和 OB 所表示的分数相同了吗？”

自然，我听后还是有点儿摸不着头脑．只知道，DA_2 这条线是不必画的．另外，应当在 CA_1 的上边相隔 10 作一条平行线．我将这条线 EF 作出来，就和 OB 有了一个交点 B_1. 它指的分数是 $\frac{18}{22}$，从它的分子中减去 10，得 CA_1 上的 B_2 点，它指的分数是 $\frac{8}{22}$. 所以，不作 EF，而作 GB_2 平行于 OB_1，表示从 OB 所表示的分数的分子中减去 10，也是一样．GB_2 和 CA_1 交于 B_2，又从这分数的分母中减去 10，得 OA 上的 B_4 点，它指的

分数是 $\frac{8}{12}$. 这个分数约下来正好是 $\frac{2}{3}$. ——小数 8，大数 12，就是所求的了.

其实，从图上看来，DA_2这条线也未尝不可用. EF 也和它平行，在 EF 的左边相隔 10. DA_2表示原分数的分子加上 10 的分数，EF 就表示这个分数的分母也加上 10 的分数. 自然，这也就是 B_1点所指的分数 $\frac{18}{22}$ 了. 从 B_1的分母中减去 10 得 DA_2上的 B_3，它指的分数是 $\frac{18}{12}$. 由 B_3指的分数的分子中减去 10，还是得 B_4. 本来若不作 EF，而在 OB 的左边相距 10，作 HB_3和 OB 平行，交 DA_2 于 B_3 也可以. 这可真算是“左右逢源”了.

计算法，倒是容易：

“两数各加上 10，则小数为大数的 $\frac{9}{11}$.” 换句话说，便是小数加上 10 等于大数的 $\frac{9}{11}$ 加上 10 的 $\frac{9}{11}$. 而小数等于大数的 $\frac{9}{11}$，加上 10 的 $\frac{9}{11}$，减去 10. 但由第一个条件说，小数只是大数的 $\frac{2}{3}$. 可知，大数的 $\frac{9}{11}$ 和它的 $\frac{2}{3}$ 的差，是 10 和 10 的 $\frac{9}{11}$ 的差. 所以：

$$\left(10-10\times\frac{9}{11}\right)\div\left(\frac{9}{11}-\frac{2}{3}\right)=\left(10-\frac{90}{11}\right)\div\left(\frac{9}{11}-\frac{2}{3}\right)$$

$$=\frac{20}{11}\div\frac{5}{33}=12\cdots\cdots\text{大数}$$

$$12\times\frac{2}{3}=8\cdots\cdots\text{小数}$$

25

从比到比例

“这次我们又要换一个其他类型的题目了.”马先生进了课堂就说,“我先问你们,什么叫作‘比’?”

“‘比’就是‘比较’.”周学敏.

“那么,王有道比你高,李大成比你胖,我比你年纪大,这些都是比较,也就都是你所说的‘比’了?”马先生说.

“不是的.”王有道说,“‘比’是说一个数或量是另一个数或量的多少倍或几分之几.”

“对的,这种说法是对的.不过照前面我们说过的,若把倍数的意义放宽一些,一个数的几分之几,和一个数的多少倍,本质上没有什么差别.依照这种说法,我们当然可以说,一个数或量是另一个数或量的多少倍,这就称为它们的比.求倍数用的是除法,现在我们将除法、分数和比,这三项作一个比较,可得下表:

除法	被除数	除数	商数
分数	分子	分母	分数的值
比	前项	后项	比值

“这样一来，比的许多性质和计算法，都可以从除法和分数中推出来了．

“比例是什么？”马先生讲明了比的意义，停顿了一下，看看大家都没有什么疑问，接着提出这个问题．

“四个数或量，若两个两个所成的比相等，就说这四个数或量成比例．”王有道．

“那么，成比例的四个数，用图线表示是什么情形？”马先生对于王有道的回答，大概是默许了．

“一条直线．”我想着，比和分数相同，两个比相等，自然和两个分数相等一样，它们应当在一条直线上．

“不错！”马先生说，“我们还可以说，一条直线上的任意两点，到纵线和横线的长总是成比例的．虽然我们现在还没有加以普遍地证明，由前面分数中的说明，无妨在事实上承认它．”接着他又说：

“四个数或量所成的比例，我们把它叫作简比例．简比例有几种？”

“两种，正比例和反比例．”周学敏回答．

“正比例和反比例有什么不同？”马先生问．

“四个数或量所成的两个比相等的，叫它们成正比例．一个比和另外一个比的倒数相等的，叫它们成反比例．”周学敏回答．

“反比例，我们暂且放下．单看正比例，你们举一个例子出来看．”马先生．

“如一个人，每小时走六里路，两小时就走十二里，三小时就走十八里．时间和距离同时变大、变小，它们就成正比例．”王有道说．

“对不对？”马先生问．

“对——！”好几个人回答．我也觉得是对的，不过因为马先生既然提了出来，我想着，一定有什么不妥当了，所以没有说话．

“对是对的，不过欠精密一点儿．”马先生批评说，“譬如，一个数和它的平方数，1 和 1，2 和 4，3 和 9，4 和 16，…都是同时变大、变

小，它们成正比例吗？”

“不！”周学敏，“因为 1 比 1 是 1，2 比 4 是 $\frac{1}{2}$，3 比 9 是 $\frac{1}{3}$，4 比 16 是 $\frac{1}{4}$，…全不相等．”

“由此可见，四个数或量成正比例，不单是成比的两个数或量同时变大、变小，还要所变大或变小的倍数相同．这一点是一般人常常忽略了的，所以他们常常会乱用‘成正比例’这个词．比如说，圆周和圆面积都是随着圆的半径一同变大、变小的，但圆周和圆半径成正比例，而圆面积和圆半径就不成正比例．”

关于正比例的计算，马先生说，因为都很简单，不再举例，他只把可以看出正比例的应用的计算法提出来．

第一，关于寒暑表的计算．

例一 摄氏寒暑表上的 20 度，是华氏寒暑表上的几度？

“这题的要点是什么？”马先生问．

“两种表上的度数成正比例．”周学敏．

“还有呢？”马先生．

“摄氏表的冰点是 0 度，沸点是 100 度；华氏表的冰点是 32 度，沸点是 212 度．”一个同学回答．

“那么，它们两个的关系怎样用图线表示呢？”马先生问．

这本来没有什么困难，我们想一下就都会画了．纵线表示华氏的度数，横线表示摄氏的度数．因为从冰点到沸点，它们度数的比是：

$$(212-32):100=180:100=9:5$$

所以，从华氏的冰点 F 起，依照纵 9 横 5 的比画 FA 线，表明的就是它们的关系．

从 20 摄氏度，往上看得 B 点，由 B 横看得 68 华氏度，这就是所求度数．用比例计算是：

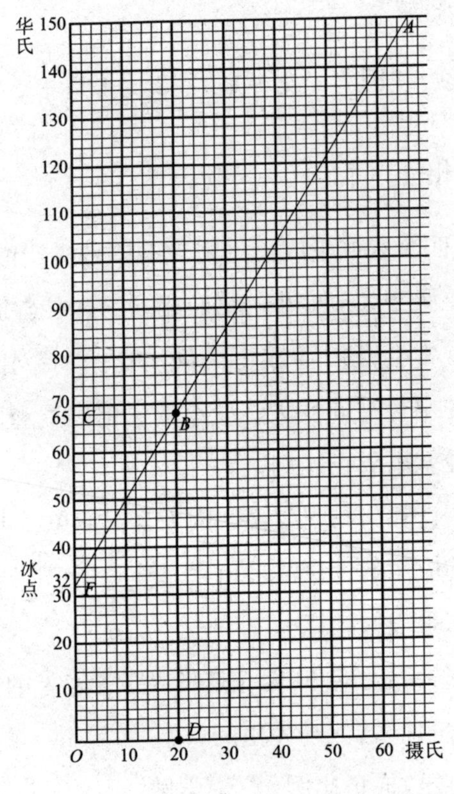

图 115

$$(212-32):100 = x:20$$

$\vdots$ OF　　$\vdots$ FC　$\vdots$ OD

$$x=\frac{212-32}{100}\times 20=\frac{180}{5}=36$$

$$36+32=68$$

$\vdots$ FC　$\vdots$ OF　$\vdots$ OC

照四则问题的算法，一般的式子是：

$$\text{华氏度数}=\text{摄氏度数}\times\frac{9}{5}+32^{\circ}$$

要由华氏度数变成摄氏度数，自然是相似的了.

$$\text{摄氏度数} = (\text{华氏度数} - 32°) \times \frac{5}{9}$$

第二，复名数的问题.

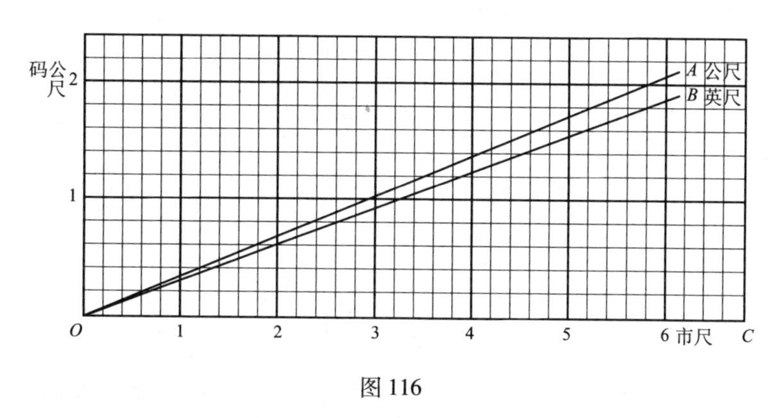

图 116

对于复名数，马先生说，不同的制度互化，也只是正比例的问题. 例如公尺、市尺和英尺的关系，若用图 116 表示出来，那真是一目了然.——图中的 *OA* 表示公尺，*OB* 表示英尺，*OC* 表示市尺 . 3 市尺等于 1 公尺，而 3 英尺——1 码——比 1 公尺还差一些 .

第三，百分法 .

例一 通常的 20 磅火药中，有硝石 15 磅，硫黄 2 磅，木炭 3 磅，这三种原料各占火药的百分之几?

马先生叫我们先把这三种原料各占火药的几分之几计算出来，并且画图表明 . 这自然是很容易的：

$$\text{硝石：}\frac{15}{20} = \frac{3}{4}\text{，硫黄：}\frac{2}{20} = \frac{1}{10}\text{，木炭：}\frac{3}{20}$$

在图 117 上，*OA* 表示硝石和火药的比，*OB* 表示硫黄和火药的比，*OC* 表示木炭和火药的比 .

“将这三个分数的分母都化成一百，各分数怎样?”我们将图画好以后，马先生问 . 这也是很容易的：

$$\text{硝石：}\frac{3}{4} = \frac{75}{100}\text{，硫黄：}\frac{1}{10} = \frac{10}{100}\text{，木炭：}\frac{3}{20} = \frac{15}{100}$$

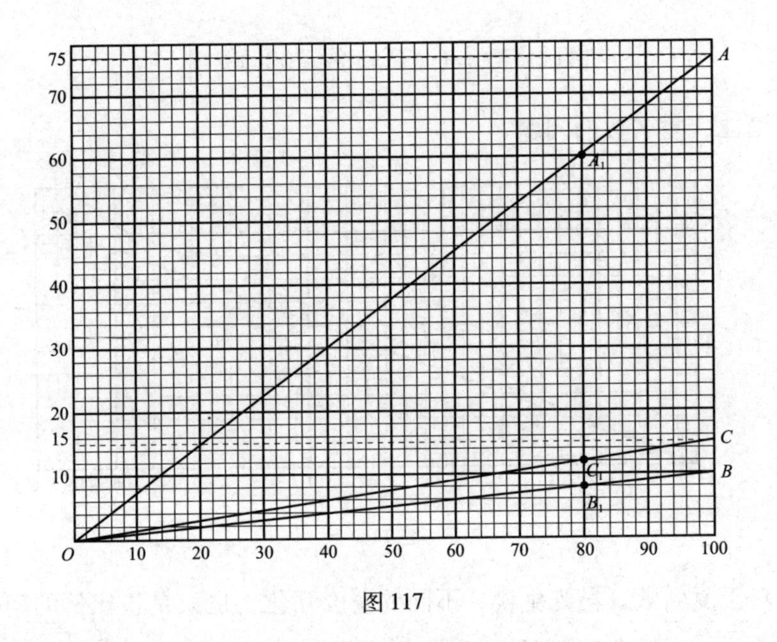

图 117

这三个分数，就是 A、B、C 三点所指示出来的.

“百分数，就是分母固定是 100 的分数，所以关于百分数的计算，和分数的以及比的计算也没有什么不同. 子数就是比的前项，母数就是比的后项，百分率不过是用 100 做分母时的比值.” 马先生把百分法和比这样比较，自然百分法只是比例的应用了.

例二　硫黄 80 磅可造多少火药？要掺杂多少硝石和木炭？

这是极容易的题目，只要由图上一看就知道了. 在 OB 上，B_1 表示 8 磅硫黄，从它往下看，相当于 80 磅火药；往上看，A_1 指示 60 磅硝石，C_1 指示 12 磅木炭. 各数变大十倍，便是 80 磅硫黄可造 800 磅火药，要掺杂 600 磅硝石，120 磅木炭.

用比例计算，是这样：

火药：$2:80=20$ 磅 $:x$ 磅，x 磅 $=800$ 磅

硝石：$2:80=15$ 磅 $:x$ 磅，x 磅 $=600$ 磅

木炭：$2:80=3$ 磅 $:x$ 磅，x 磅 $=120$ 磅

若用百分法，便是：

$$\text{火药：}80\text{ 磅}\div 10\% = 80\text{ 磅}\div\frac{10}{100} = 80\text{ 磅}\times\frac{100}{10} = 800\text{ 磅}$$

这是求母数.

$$\text{硝石：}800\text{ 磅}\times 75\% = 800\text{ 磅}\times\frac{75}{100} = 600\text{ 磅}$$

$$\text{木炭：}800\text{ 磅}\times 15\% = 800\text{ 磅}\times\frac{15}{100} = 120\text{ 磅}$$

这都是求子数.

用比例和用百分法计算，实在没有什么两样. 不过习惯了的时候，用百分法比较简单一点罢了.

例三　定价 4 元的书，若加四成卖，卖价多少?

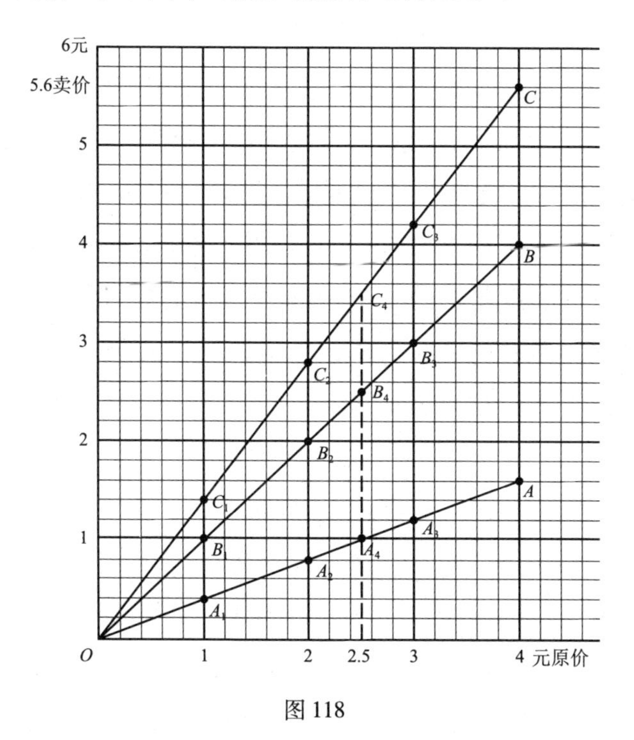

图 118

这题的作图法，起先我以为很容易，但一动手，就感到困难了. OA 线表示 $\frac{40}{100}$，这，我是会作的. 但是，由它只能看出卖价是 1 元加 4 角

(A_1)，2 元加 8 角 (A_2)，3 元加 1 元 2 角 (A_3) 和 4 元加 1 元 6 角 (A)．固然，由此可以知道 1 元要卖 1 元 4 角，2 元要卖 2 元 8 角，3 元要卖 4 元 2 角，4 元要卖 5 元 6 角．但这是算出来的，图上却找不出．

我照这些卖价作成 C_1、C_2、C_3 和 C 各点，把它们连起来，得直线 OC. 由 OC 上的 C_4 看，卖价是 3 元 5 角．往下看到 OA 上的 A_4，加的是 1 元．再往下看，原价是 2 元 5 角．这些都是合题的．线大概是作对了，不过对于作法，我总觉得不可靠．

周学敏和其他两个同学都和我犯同样的毛病，王有道怎样我不知道．他们拿这问题去问马先生，马先生的回答是：

“你们是想把原价加到所加的价上面去，弄得没有办法了．何妨反过来，先将原价表出，再把所加的价加上去呢?”

原价本来已经很清楚了，在横线上表示得很清楚，怎样再来表示呢？原价！原价！我闷着头想，忽然想到了，要另外表示，是照原价卖的卖价．这便成为 1 就是 1，2 就是 2，我就作了 OB 线．再把 OA 所表示的往上一加，就成了 OC. OC 仍旧是 OC，这作法却有了根了．

至于计算法，本题求的是母子和．由图上看得很明白，B_1，B_2，B_3，…指的是母数；B_1C_1，B_2C_2，B_3C_3，…指的是相应的子数；C_1，C_2，C_3，…指的便是相应的母子和：

$$
\begin{aligned}
\text{母子和} &= \text{母数} + \text{子数}\\
&= \text{母数} + \text{母数} \times \text{百分率}\\
&= \text{母数}\ (1 + \text{百分率})
\end{aligned}
$$

1 加百分率，就是 C 所表示的．在本题，卖价是：

$$4\text{ 元} \times (1 + 0.40) = 4\text{ 元} \times 1.40 = 5.6\text{ 元}$$

例四　上海某公司货物，照定价加二成出卖．运到某地需加运费五成，某地商店照成本再加二成出卖．上海定价五十元的货，某地的卖价是多少？

本题只是前一题中的条件多重复两次，可以说不难．但我动手作图

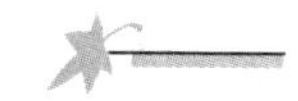

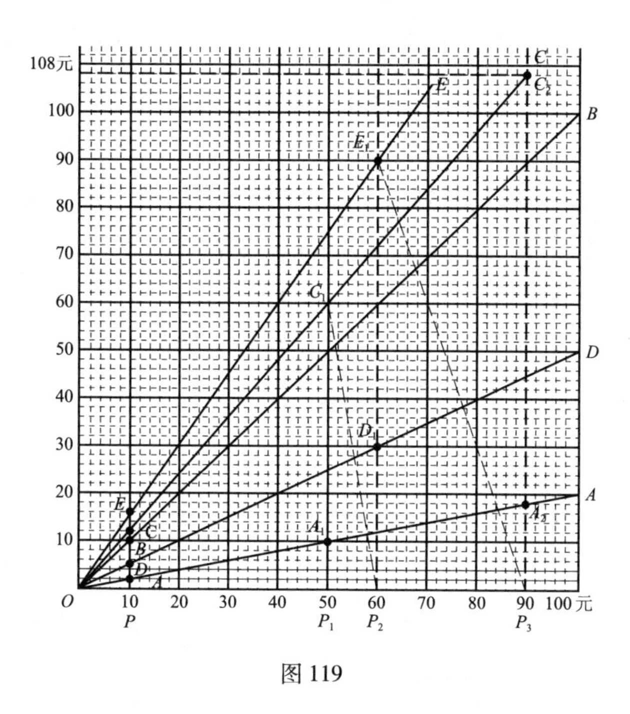

图 119

的时候，就碰了一次钉子．我先作 OA 表示 20% 的百分率，OB 表示母数 1，OC 表示上海的卖价，这些和前一题完全相同，当然一点儿不费力．运费是照卖价加五成，我作 OD 表示 50% 的百分率以后，却迷住了，不知怎样将这五成运费加到卖价 OC 上去．要是去请教马先生，他一定要说我“六窍皆通”了．不只我一个人，大家都一样，一边用铅笔在纸上画，一边低着头想．

母数！母数！对于运费来说，上海的卖价不就成了母数吗？“天下无难事，只怕想不通．”这一点想通了，真是再简单不过．将 OD 所表示的百分率，加到 OB 所表示的母数上去，得 OE 线，它所表示的便是成本．

把成本又作母数，再加二成，仍然由 OC 线表示，这就成了某地的卖价．

是的！50 元（OP_1），加二成 10 元（P_1A_1），上海的卖价是 60 元（P_1C_1）.

60 元作母数，OP_2加运费五成 30 元（P_2D_1），成本是 90 元（P_2E_1）.

90 元作母数，OP_3加二成 18 元（P_3A_2），某地的卖价是 108 元（P_3C_2）.

算法，不用说是很容易的．将它和图对照起来，真是有趣极了！

50 元×(1 +0.20)×(1 +0.50)×(1 +0.20) =108

⋮　⋮　⋮　⋮　⋮　⋮　⋮　⋮

OP_1　$\underbrace{PB\quad PA}$　$\underbrace{PB\quad PD}$　$\underbrace{PB\quad PA}$　⋮

$\underbrace{\vdots\qquad PC}$　PE　PC　P_3C_2

$\underbrace{P_1C_1\ (OP_2)\qquad\vdots}$

P_2E_1（OP_3）

例五　某市用十年前的物价做标准，物价指数是 150%．现在定价 30 元的物品，十年前的定价是多少？

“物价指数”是一个新鲜名词，马先生解释道：

“简单地说，一个时期的物价对于某一定时期的物价的比，叫作物价指数．不过为了方便，作为标准的某一定时期的物价，算是一百．所以，将物价指数和百分比对照，一定时期的物价，便是母数；物价指数便是（x + 百分率）；现时的物价便是母子和．”

经过这样一解释，我们已懂得：本题是知道了母子和，与物价指数（1 + 百分率），求母数．

先作 OB 表示 1 加百分率，即 150%．再作 OA 表示 1，即 100%．

从纵线 30 那一点，横看到 OB 线得 B 点．由 B 往下看得 20 元，就是十年前的物价．

算法是这样：

30 元 ÷ 150% = 20 元

这是由例三的公式可推出来的：

母数 = 母子和 ÷（1 + 百分率）

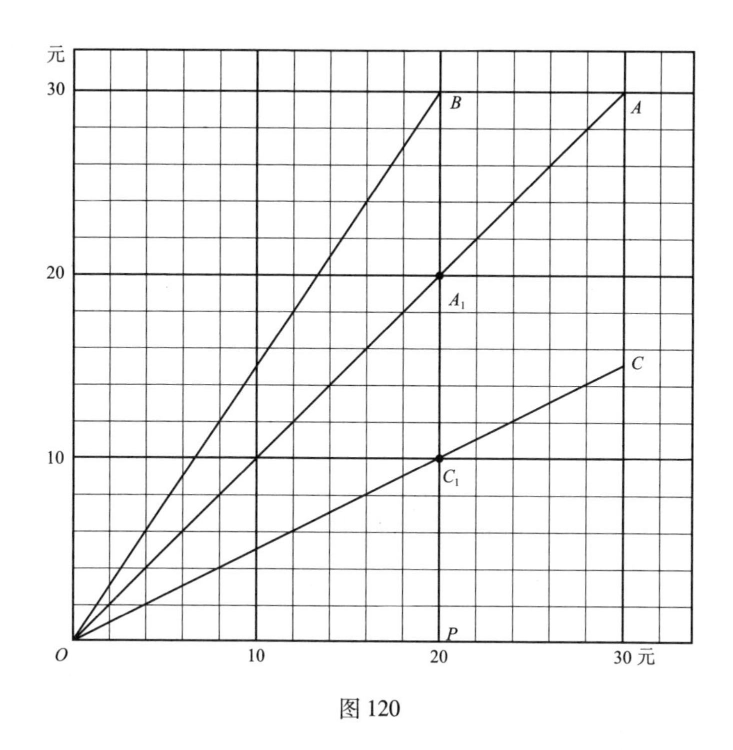

图 120

例六 前一题，现在的物价比十年前的涨了多少？

这自然只是求子数的问题了．在图 120 中 OA 线表示的是 100%，就是十年前的物价．所以，A_1B 表示的 10 元，就是所涨的价．因为 PB 是母子和，PA_1 是母数，PB 减去 PA_1 就是子数．求子数的公式很明白是：

$$子数=母子和-母子和\div(1+百分率)$$

例七 十年前定价 20 元的物品，现在定价 30 元，求所涨的百分率和物价指数．

这个题目，是从例五变化出来的．作图的方法当然相同，不过顺序变换一点．先作表示现价的 OB，再作表示十年前定价的 OA，从 A_1 向下截去 A_1B 的长得 C_1．连 OC_1，得直线 OC，它表示的便是百分率：

$$PC_1 : OP=10:20=50\%$$

至于物价指数，就是 100% 加上 50%，等于 150%．

计算的公式是：

$$百分率 = \frac{母子和 - 母数}{母数} \times 100\%$$

例八　定价十五元的货物，按七折出售，卖价是多少？减去多少？

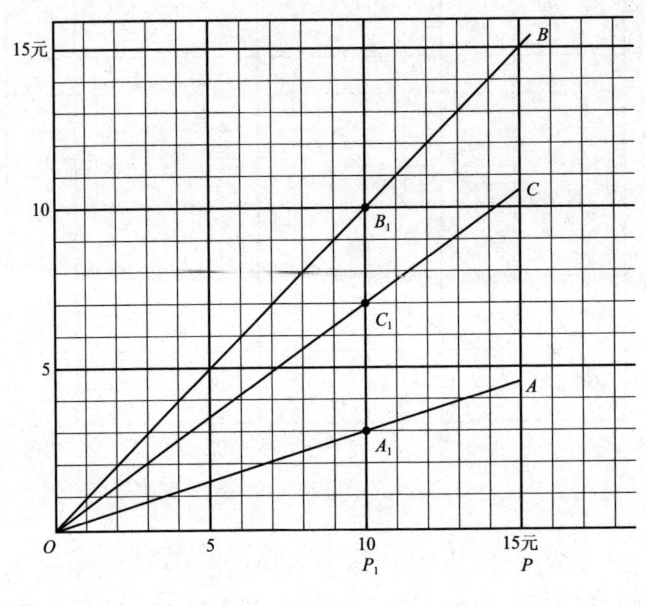

图 121

大概是这些例题比较简单的缘故，没有一个人感到困难．一方面，不得不说，由于马先生详加指导，使我们一见到题目，就已经知道找寻它的要点了．一连这几道题，差不多都是我们自己作的，很少倚赖马先生．

本题和例三相似，只是这里是减，那里是加，这一点不同．先作表示百分率（30%）的线 OA，又作表示原价 1 的线 OB. 由 PB 减去 PA 得 PC，连结 OC，它所表示的就是卖价．CB 和 PA 相等，都表示减去的数量．

图上表示得很清楚，卖价是 10 元 5 角（PC），减去的是 4 元 5 角（PA 或 CB）．

在百分法中，这是求母子差的问题．由前面的说明，公式很容易得出：

$$\begin{array}{cccc}\text{母子差} = \text{母数} \times (1 & - \text{百分率}) \\ \vdots \quad\quad \vdots & \vdots \quad \vdots \\ PC \quad\quad OP & P_1B_1 \quad P_1A_1\ (C_1B_1)\end{array}$$

在本题，就是：

$$15\text{ 元} \times (1 - 30\%) = 15\text{ 元} \times 0.70 = 10.5\text{ 元}$$

例九　八折后再六折和双七折哪一种折去得多？

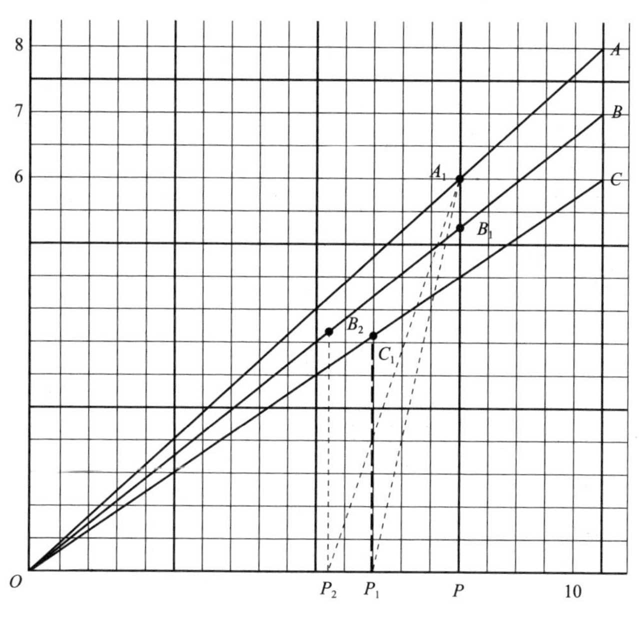

图 122

图 122 中的 OP 表示定价 . OA 表示八折，OB 表示七折，OC 表示六折 .

OP 八折成 PA_1. 将它作母数，就是 OP_1. OP_1 六折，为 P_1C_1.

OP 七折为 PB_1. 将它作母数，就是 OP_2. OP_2 再七折，为 P_2B_2.

P_1C_1 比 P_2B_2 短，所以八折后再六折比双七折折去得多 .

例十　王成之照定价扣去二成买进的脚踏车，一年后折旧五成卖出，得三十二元，原定价是多少？

这也不过是多绕一个弯儿的问题 .

OS_1 表示第二次的卖价 32 元 . OA 表示折去五成 . OP_1，64 元，就是

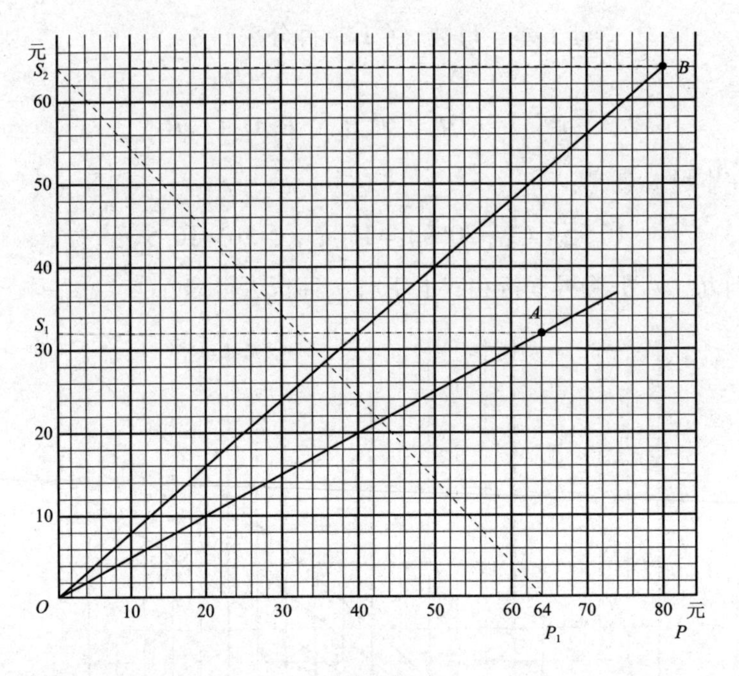

图 123

王成之的买价．用它作子数，即 OS_2，为原主的卖价．

OB 表示折去二成．OP，80 元，就是原定价．

因为求母数的公式是：

$$母数=母子差\div(1-百分率)$$

所以算法是：

$$32\text{元}\div(1-50\%)\div(1-百分率)$$

$$=32\text{元}\div\frac{50}{100}\div\frac{80}{100}$$

$$=32\text{元}\times2\times\frac{5}{4}=80\text{元}$$

第四，单利息．

“100 元，一年付 10 元的利息，利息占本金的百分之几？”马先生写完了标题问．

“10%．”我们一起回答．

“这10%，叫作年利率．所谓单利息，是利息不再生利的计算法．两年的利息是多少?”马先生．

“20元．”一个同学．

“3年的呢?”

“30元．”周学敏．

“10年的呢?”

“100元．”仍是周学敏．

“付利息的次数，叫作期数．你们知道求单利息的公式吗?”

“利息等于本金乘以利率再乘以期数．”王有道．

“好！这就是单利息算法的基础．它和百分法有什么不同?”

“多一个乘数——期数．”我回答．我也想到它和百分法没有什么本质的差别：本金就是母数，利率就是百分率，利息就是子数．

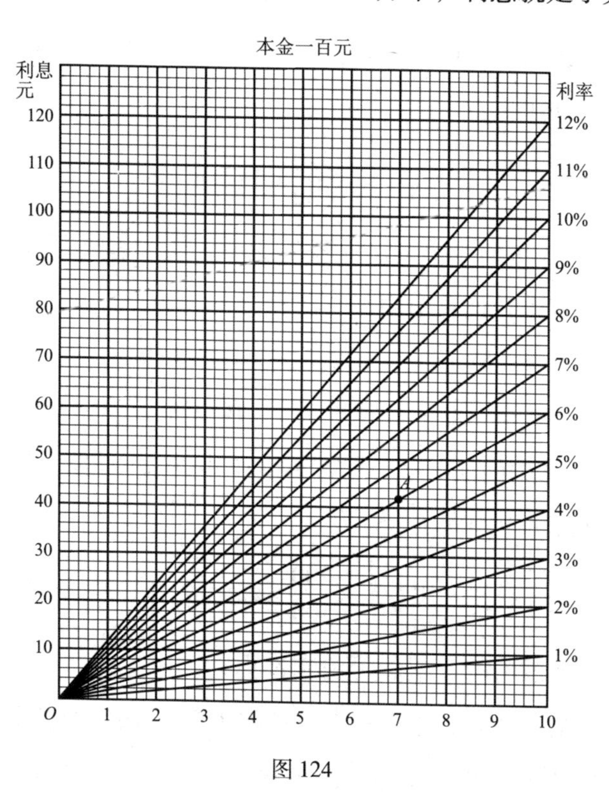

图124

"所以，对于单利息，用不着多讲，画一个图就可以了．"马先生．

图一点儿也不难画，因为无论从本金或期数说，利息对它们都是定倍数（利率）的关系．

图中，横线表示年数，从 1 到 10.

纵线表示利息，0 到 120 元．

本金都是 100 元．

表示利率的线共十二条，依次是从年利 1 厘、2 厘、3 厘……到一分、一分一厘和一分二厘……

这表的用法，马先生说，并不只限于检查本金 100 元 10 年间，每年照所标利率的利息．

本金不是 100 元的，也可由它推算出来．

例一 求本金 350 元，年利 6%，7 年间的利息．

图 124 中，本金 100 元，年利 6%，7 年间的利息是 42 元（A)．本金 350 元的利息便是：

$$42\text{ 元}\times\frac{350}{100}=147\text{ 元}$$

年数不止 10 年的，也可由它推算出来．并且把年数看成期数，则各种单利息都可由它推算出来．

例二 求本金 400 元，月利 2%，三年的利息．

图 124 中，本金 100 元，利率 2%，10 期的利息是 20 元，6 期的利息是 12 元，30 期的是 60 元，所以 3 年（共 36 期）的利息是 72 元．

本金 400 元的利息是：

$$72\text{ 元}\times\frac{400}{100}=288\text{ 元}$$

利率是图上没有的，仍然可由它推算．

例三 本金 360 元，半年一期，利率 14%，四年的利息是多少？

利率 14% 可看成 12% 加 2%．半年一期，4 年共 8 期．图 124 中，

本金 100 元，利率 12%，8 期的利息是 96 元，利率 2% 的是 16 元，所以利率 14% 的利息是 112 元.

本金 360 元的利息是：

$$112\text{ 元}\times\frac{360}{100}=403.20\text{ 元}$$

这些例题都是很简明的，真是“运用之妙，存乎一心”了！

26

这要算不可能了

“从来没有碰过钉子，今天却要大碰特碰了．”马先生这一课这样开始，“在上次讲正比例时，我们曾经说过这样的例子：一个数和它的平方数，1 和 1，2 和 4，3 和 9，4 和 16，…都是同时变大、变小，但它们不成正比例．你们试把它画出来看看．”

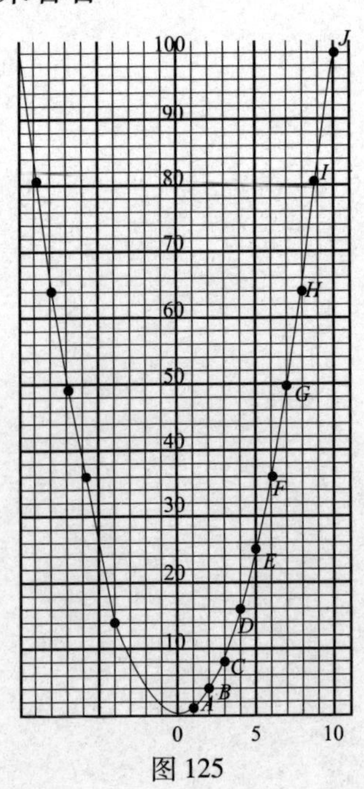

图 125

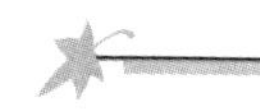

真是碰钉子！我用横线表示数，纵线表示平方数，先得 A，B，C，D 四点，依次表示 1 和 1，2 和 4，3 和 9，4 和 16，它们不在一条直线上．这还有什么办法呢？我索性把表示 5 和 25，6 和 36，7 和 49，8 和 64，9 和 81，10 和 100 的点 E，F，G，H，I，J，都画了出来．真糟！简直看不出它们是在一条什么线上！

问题本来很简单，只是这些点好像是在一条弯曲的线上，是不是？成正比例的数或量，用点表示，这些点就在一条直线上．为什么不成正比例的数或量，用点表示，这些点就不在一条直线上呢？

对于这个问题，马先生说，这种说法是对的．他又说，本题的曲线，叫作抛物线．本来左边还有和它成线对称的一半，但在算术上用不到它．

"现在，我们谈到反比例的问题了，且来举一个例子看．"马先生．

这个例子是周学敏提出的：

三个人十六天做完的工程，六个人几天做完？

不用说，单凭心算，我也知道只要八天．

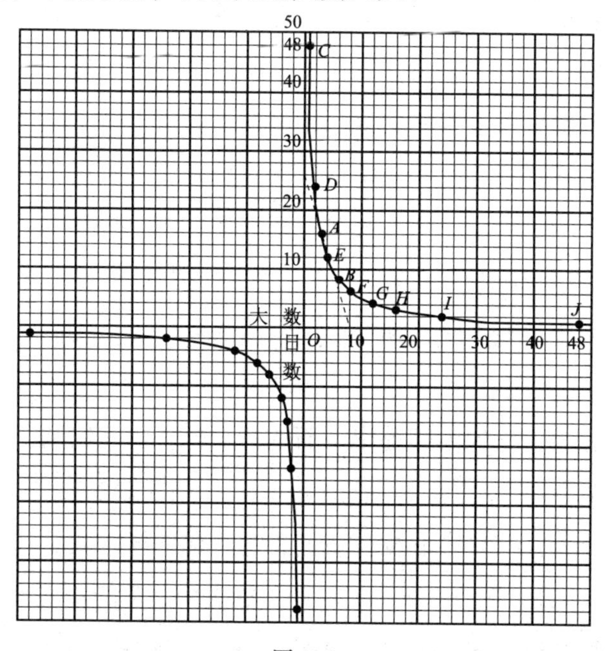

图 126

马先生叫我们画图．我用纵线表示日数，横线表示人数，得 A 和 B 两点，把它们连成一条直线．奇怪！这条纵线和横线交在 9，明明是表示 9 个人做这工程，就不要天数了！这成什么话？哪怕是很小的工程，由十万人去做，也不能不费去一点儿时间呀！又碰钉子了！我正在这样想，马先生似乎已经察觉到我正在受窘，向我这样警告：

“小心呀！多画出几个点来看．”

我就老老实实地，先算出下面的表，再把各个点都记出来：

人数	1	2	3	4	6	8	12	16	24	48
日数	48	24	16	12	8	6	4	3	2	1
点	*C*	*D*	*A*	*E*	*B*	*F*	*G*	*H*	*I*	*J*

还有什么可说呢？*C*，*D*，*E*，*F*，*G*，*H*，*I*，*J* 这八个点，就没有一个点在直线 *AB* 上．——它们又成一条抛物线了，我想．

但是，马先生说，这和抛物线不一样，它叫双曲线．他还说，假如我们画图的纸是一个方方正正的田字形，纵线是田字中间的一竖，横线是田字中间的一横，这条曲线只在田字的右上一个方块里，那么在田字左下的一个方块里，还有和它成点对称的一条．原来抛物线只有一条，双曲线却有两条，田字左下方块里一条，也是算术里用不到的．

虽然碰了两次钉子，也多知道了两种线，倒也合算啊！

“无论是抛物线或双曲线，都不是单靠一把尺子和一个圆规能够画出来的．关于这一类问题，现在要用画图法来解决，我们只好宣告无能为力了！”马先生说．

停了两分钟，马先生又提出下面的一个题，叫我们画：

2 的平方是 4，立方是 8，四方是 16，…用线表示出来．

马先生今天大概是存心捉弄我们，这个题的线，我已知道不是直线了．我画了 *A*，*B*，*C*，*D*，*F*，*F* 六点，依次表示 2 的一次方 2，平方 4，立方 8，四次方 16，五次方 32，六次方 64. 果然它们不在一条直线上，

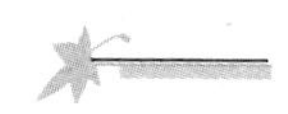

但连结它们所成的曲线，既不像抛物线，又不像双曲线，不知道又是一种什么宝贝了！

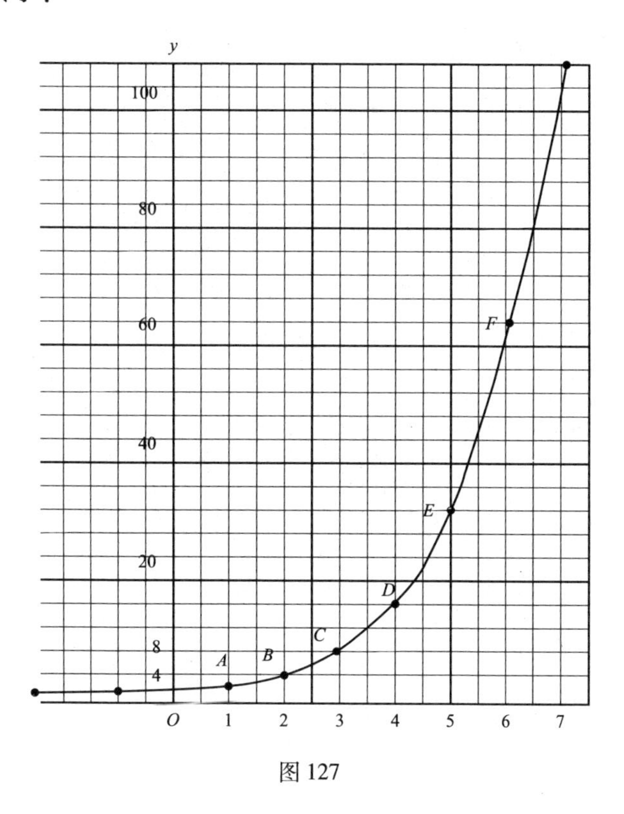

图 127

我们原来都只画 y 这条纵线右边的一段，左边拖的一节尾巴，是马先生加上去的．马先生说，这条尾巴可以无限拖长，越长越和横线相近，但无论怎样，永不会和它相交．在算术中，这条尾巴也是用不到的．

这种曲线叫指数曲线．

“要表示复利息，就用得到这种指数曲线．”马先生说，“所以，要用老方法来处理复利息的问题，也只有碰钉子了．”马先生还画了一张表示复利息的图给我们看．它表出本金 100 元，一年一期，10 年中，年利率 2 厘、3 厘、4 厘、5 厘、6 厘、7 厘、8 厘、9 厘和 1 分的各种利息．

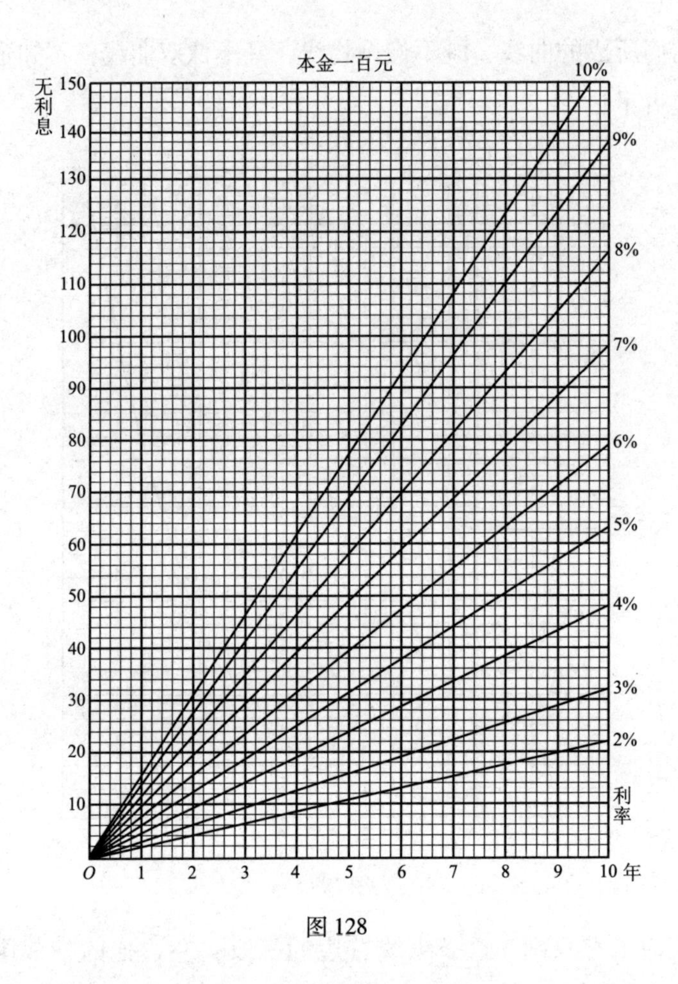
本金一百元
无利息
150
140
130
120
110
100
90
80
70
60
50
40
30
20
10
O
1
2
3
4
5
6
7
8
9
10 年
10%
9%
8%
7%
6%
5%
4%
3%
2%
利率

图 128

27 大半不可能的复比例

关于这类题目，马先生说，有大半是不能用作图法解决的，这当然毫无疑问．反比例的题，既然已不免碰钉子，复比例中，含有反比例的，自然此路不通了．再说，这也是显而易见的，就是不含有反比例，复比例中总含有三个以上的量，倘若不能像第 12 讲中（归一法的例），化繁为简，那也就手足无措了．

不过复比例中的题目，有时，我们不大想得通，所以请求马先生不用作图法解也好，给我们一些指示．马先生答应了我们，叫我们提出问题来．以下的问题，全是我们提出的．

例一 同一件事，24 人合做，每日做 10 时，15 日可做完；60 人合做，每日少做 2 时，几日可做完？

一个同学提出这个题来的时候，马先生想了一下，说：

“我知道，你感到困难是因为这个题目转了一个小弯儿．你试将题目所给的条件，同类的一一对列起来看．”

他依马先生的话，列成下表：

人数	每日做的时数	日数
24	10	15
60	比10少2	?

“由这个表看来，有多少数还不知道?”马先生问.

“两个，第二次每日做的时数和日数.”他答道.

“问题的关键就在这一点.”马先生，“一般的比例题，都是只含有一个未知数的.但你们要注意，比例所处理的都是和两个数量的比有关的事项.在复比例中，只不过有关的比多几个而已.所以题目中若含有和比无关的条件，这就超出了范围，应当先将它处理好.即如本题，第二次每日做的时数，题上说的是少2时，就和比没有关系.第一次，每日做10时，第二次每日少做2时，做的是几时?”

“10时少2时，8时.”周学敏.

这样一来，当然毫无疑问了.

$$\left.\begin{array}{l}\text{反}\quad 60\text{人}:24\text{人}\\ \text{反}\quad 8\text{时}:10\text{时}\end{array}\right\}=15\text{时}:x\text{日}$$

$$\therefore x\text{日}=\frac{15\text{日}\times 24\times 10}{60\times 8}=7\frac{1}{2}\text{日}$$

例二　一本书原有810页，每页40行，每行60字.若重印时，每页增10行，每行增12字，页数可减少多少?

这个问题，虽然表面上看起来复杂一点儿，但实际上和前例是一样的.莫怪马先生听见另一个同学说完以后，露出一点儿轻微的不愉快了.马先生叫他先找出第二次每页的行数——40加10，是50，和每行的字数——60加12，是72，再求第二次的页数.

$$\left.\begin{array}{l}\text{反}\quad 50\text{行}:40\text{行}\\ \text{反}\quad 72\text{字}:60\text{字}\end{array}\right\}=810\text{页}:x\text{页}$$

$$\therefore x\text{页}=\frac{810\text{页}\times 40\times 60}{50\times 72}=540\text{页}$$

 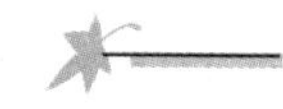

要求可减少的页数，这当然不是比例的问题，810 页改成 540 页，可减少的是 270 页 .

例三　从 A 处到 B 处，一般情况下 6 时可到 . 现在将路程减 $\frac{1}{4}$，速度增加 $\frac{1}{2}$ 倍，什么时候可到达？

这个题，从前我不知从何下手，做完前两个例题后，现在我已懂得了 . 虽然我没有向马先生提出，也附记在这里 .

原来的路程，就算它是 1，后来减 $\frac{1}{4}$，当然是 $\frac{3}{4}$.

原来的速度也算它是 1，后来增加 $\frac{1}{2}$ 倍，便是 $1\frac{1}{2}$.

$$\because \left.\begin{array}{ll} \text{正} & 1:\frac{3}{4} \\ \text{反} & 1\frac{1}{2}:1 \end{array}\right\} = 6\text{ 时}:x\text{ 时}$$

$$\therefore x\text{ 时} = 3\text{ 时}$$

例四　狗走 2 步的时间，兔可走 3 步；狗走 3 步的长，兔需走 5 步. 狗 30 分钟所走的路，兔需走多少时间？

“这题的难点，”马先生说，“只在包含时间——步子的快慢，和空间——步子和路的长短 . 但只要注意判定正反比例就行了 . 第一，狗走 2 步的时间，兔可走 3 步，哪一个快？”

“兔快 . ”一个同学说 .

“那么，狗走 30 分钟的步数，让兔来走，需要多长时间？”

“少些！”周学敏 .

“这是正比例还是反比例？”

“反比例！步数一定，走的快慢和时间成反比例 . ”王有道 .

“再来看，狗走 3 步的长，兔要走 5 步 . 狗走 30 分钟的步数，兔走的话时间怎样？”

“要多些．”我回答．

“这是正比例还是反比例？”

“反比例！距离一定，步子的长短和步数成反例，也就同时间成反例．”还是王有道．

这样就可得：

$$\left.\begin{array}{ll}\text{反} & 3:2 \\ \text{反} & 3:5\end{array}\right\}=30\text{ 分}:x\text{ 分}$$

$$\therefore x\text{ 分}=\frac{30\text{ 分}\times 2\times 5}{3\times 3}=33\frac{1}{3}\text{分}$$

例五　牛车、马车运输力量的比为 8∶7，速度的比为 5∶8. 以前用牛车 8 辆，马车 20 辆，于 5 日内运 280 袋米到 $1\frac{1}{2}$ 里的地方．现在用牛、马车各 10 辆，于 10 日内要运 350 袋米，求能运的距离．

这题是周学敏提出的，马先生问他：

“你觉得难点在什么地方？”

“有牛又有马，有从前运输的情形，又有现在运输的情形，关系比较复杂．”周学敏回答．

“你太执着了，为什么不分开来看呢？”马先生接着又说，“你们要记好两个基本原则：一个是不相同的量不能相加减，还有一个是不相同的量不能相比．本题就运输力量来说有牛车又有马车，既然它们不能并成一个力量，也就不能相比了．”停了一阵，他又说：

“所以这个题，应当把它分成两段看：‘牛车、马车运输力量的比为 8∶7，速度的比为 5∶8. 以前用牛车 8 辆，马车 20 辆……现在用牛、马车各 10 辆’这算一段．又从‘以前用牛车 8 辆’，到最后又算一段．现在先解决第一段，变成都用牛车或马车，我们就都用牛车吧．马车 20 辆和 10 辆各合多少辆牛车？”

这比较简单，力量的大小与速度的快慢对于所用的车辆都是成反比

例的.

$$\left.\begin{matrix}8:7\\5:8\end{matrix}\right\}=20\text{ 辆}:x\text{ 辆}$$

$$\therefore 20\text{ 辆马车的运输力}=\frac{20\times 7\times 8}{8\times 5}=28\text{ 辆牛车的运输力}$$

$$10\text{ 辆马车的运输力}=14\text{ 辆牛车的运输力}$$

我们得出这个答数后，马先生说："现在题目的后一段可以改个样：以前用牛车 8 辆和 28 辆……现在用牛车 10 辆和 14 辆……"

当然，到这一步，又是笨法子了.

$$\left.\begin{matrix}\text{正} & (8+28)\text{ 辆}:(10+14)\text{ 辆}\\ \text{正} & 5\text{ 日}:10\text{ 日}\\ \text{反} & 350\text{ 袋}:280\text{ 袋}\end{matrix}\right\}=1\frac{1}{2}\text{里}:x\text{ 里}$$

$$x\text{ 里}=\frac{1\frac{1}{2}\text{里}\times(10+14)\times 10\times 280}{(8+28)\times 5\times 350}=\frac{\frac{3}{2}\text{里}\times 24\times 10\times 280}{36\times 5\times 350}$$

$$=\frac{3\text{ 里}\times 12\times 10\times 280}{36\times 5\times 350}=1\frac{3}{5}\text{里}$$

例六　大工 4 人，小工 6 人，工作 5 日，工资共 51 元 2 角. 后来有小工 2 人休息，用大工 1 人代替，工作 6 日，工资共多少？（大工 1 人 2 日的工资和小工 1 人 5 日的工资相等.）

这个题的情形和前一题一样，是马先生出给我们算的，大概是要我们重复一次前一题的算法吧！

先就工资说，将小工化成大工，这是一个正比例：

$$5\text{ 日}:2\text{ 日}=6\text{ 人}:x\text{ 人},\ x\text{ 人}=\frac{12\text{ 人}}{5}$$

这就是说 6 个小工，1 日的工资和 $\frac{12}{5}$ 个大工 1 日的工资相等. 后来少去 2 个小工只剩 4 个小工，他们的工资和 $\frac{8}{5}$ 个大工的相等，由此得：

$$\left.\begin{array}{ll}\text{正} & \left(4+\frac{12}{5}\right)\text{大工}:\left(4+\frac{8}{5}+1\right)\text{大工} \\ \text{正}: & 5:6\end{array}\right\}=51.2\text{ 元}:x\text{ 元}$$

$$x=\frac{51.2\text{ 元}\times\left(4+\frac{8}{5}+1\right)\times 6}{\left(4+\frac{12}{5}\right)\times 5}=\frac{51.2\text{ 元}\times\frac{33}{5}\times 6}{\frac{32}{5}\times 5}$$

$$=\frac{51.2\text{ 元}\times 33\times 6}{32\times 5}=63.36\text{ 元}$$

复比例一课就这样完结，我已知道好几个应注意的事项．

28

物物交换

例一 酒 4 升可换茶 3 斤，茶 5 斤可换米 12 升，米 9 升可换酒多少？

马先生写好了题，问道：

“这样的题，在算术中，属于哪一部分？”

“连比例．”王有道回答．

“连比例是怎么一回事，你能简单说明吗？”

“是由许多简比例连合起来的．”王有道．

“这也是一种说法，照这种说法，你把这个题做出来看看．”

下面就是王有道做的：

（1）简比例的算法：

$$12\text{升米}:9\text{升米}=5\text{斤茶}:x\text{斤茶},$$

$$x\text{斤茶}=\frac{5\text{斤茶}\times 9}{12}=\frac{15\text{斤茶}}{4}$$

$$3\text{斤茶}:\frac{15\text{斤茶}}{4}=4\text{升酒}:x\text{升酒},$$

$$x\text{升酒}=\frac{4\text{升酒}\times\frac{15}{4}}{3}=5\text{升酒}$$

（2）连比例的算法：

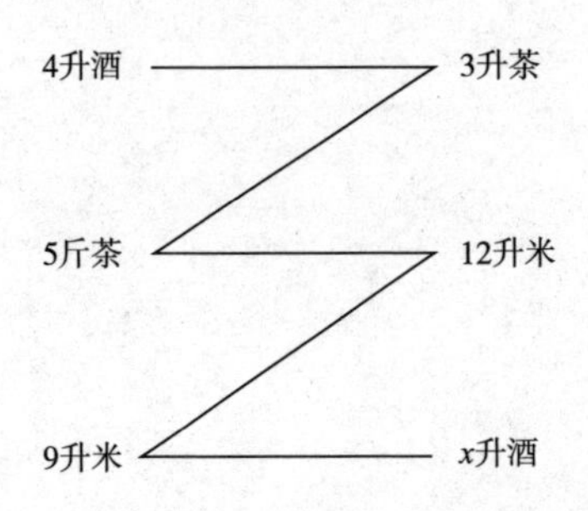

$$x\text{ 升酒}=\frac{4\text{ 升酒}\times 5\times 9}{3\times 12}=5\text{ 升酒}$$

这两种算法，其实只有繁简和顺序不同，根本毫无差别．王有道为了说明它们相同，还把（1）中的第四式这样写：

$$x\text{ 升酒}=\frac{4\text{ 升酒}\times\frac{5\times 9}{12}\left(\frac{15}{4}\right)}{3}=\frac{4\text{ 升酒}\times 5\times 9}{3\times 12}=5\text{ 升酒}$$

它和（2）中的第二式完全一样．

马先生对于王有道的做法很满意，但他说："连比例也可以说是两个以上的量相连续而成的比例，不过这和算法没有什么关系．"

"连比例的题，能用画图法来解吗？"我想着，因为它是一些简比例合成的，应该可以．但一方面又想到，它所含的量在三个以上，恐怕未必行，因而不能断定．我索性向马先生请教．

"可以！"马先生斩钉截铁地回答，"而且并不困难．你就用这个例题来画画看吧．"

可先依照酒 4 升、茶 3 斤这个比，用纵线表示酒，横线表示茶，画出 OA 线．再……我就画不下去了．米用哪条线表示呢？其实，每个人都没有下手．马先生看看这个，又看看那个：

"怎么又犯难了！买醋的钱，买不了酱油吗？你们个个都可以成牛顿了，大猫走大洞，小猫一定要走小洞，是吗？——纵线上，现在你们

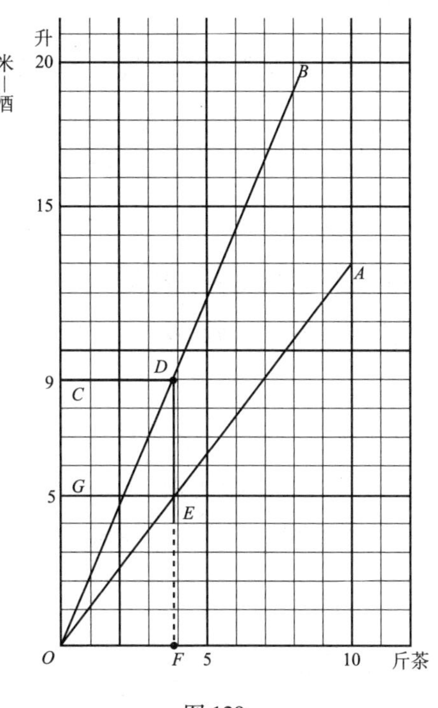

图 129

的单位是升，一只升子[1]量了酒就不能量米吗？”

这明明是在告诉我们，又用纵线表示米，依照茶 5 斤可换米 12 升的比，我画出了 OB 线．我们画完以后，马先生巡视了一周，才说：

“问题的要点倒在后面，怎样找出答数来呢？——说破了，也不难．9 升米可换多少茶？”

我们从纵线上的 C（表示 9 升米），横看到 OB 上的 D（茶、米的比），往下看到 OA 上的 E（茶、酒的比），再往下看到 F（茶 $\frac{15}{4}$ 斤）．

“茶的斤数，就题目说，是没用处的．”马先生说，“你们由茶和酒的关系，再看‘过’去．”

“过”字说得特别响．我就由 E 横看到 G，它指着 5 升，这就是所

① 量粮食的器具，容量为一升．

求酒的升数了.

例二　酒3升的价钱等于茶2斤的价钱，茶3斤的价钱等于糖4斤的价钱，糖5斤的价钱等于米9升的价钱. 酒1斗[1]可换米多少?

“举一反三.”马先生写了题说，“这个题，不过比前一题多一个弯儿，你们自己做吧!”

我先取纵线表示酒，横线表示茶，依酒3茶2的比，画 OA 线. 又取纵线表示糖，依茶3糖4的比，画 OB 线. 再取横线表示米，依糖5米9的比，画 OC 线.

最后，从纵线10——1斗酒——横着看到 OA 上的 D，酒就换了茶. 由 D 往下看到 OB 上的 E，茶就换了糖. 由 E 横看到 OC 上的 F，糖依然一样多，但由 F 往下看到横线上的16，糖已换了米.——酒1斗换米1斗6升.

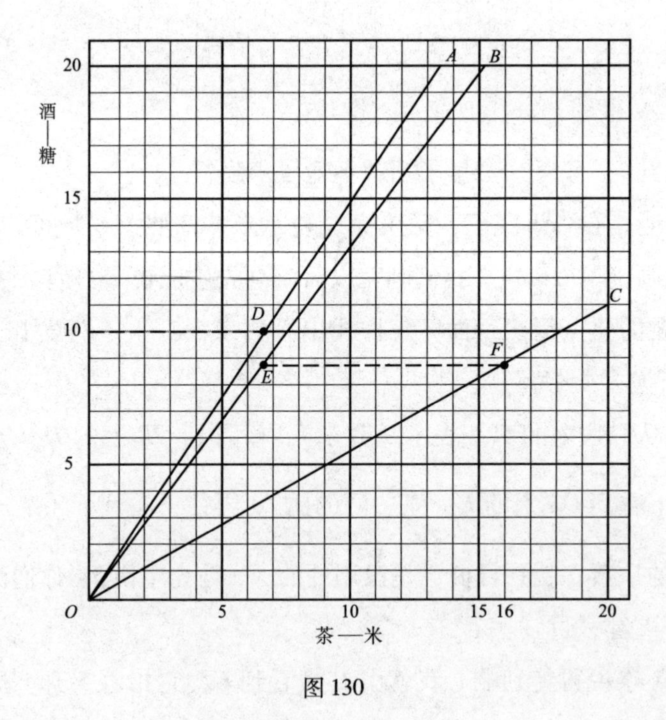

图130

① 一斗为十升.

照连比例的算法：

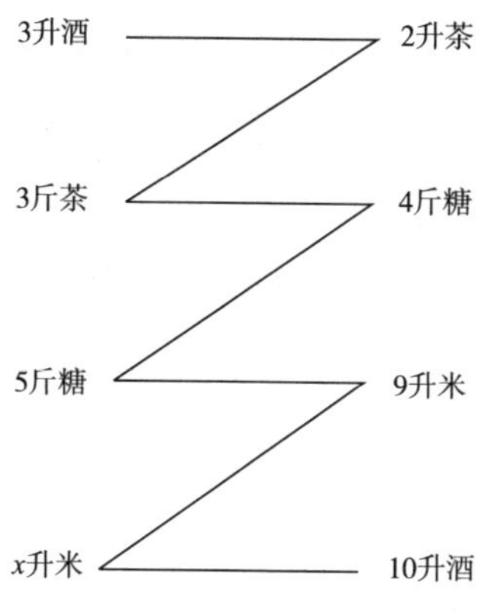

$$x\text{ 升米}=\frac{9\text{ 升米}\times 10\times 4\times 2}{5\times 3\times 3}=16\text{ 升米}$$

结果当然完全相同.

例三 甲、乙、丙三人赛跑，100 步内，乙负甲 20 步；180 步内，乙胜丙 15 步；150 步内，丙负甲多少步？

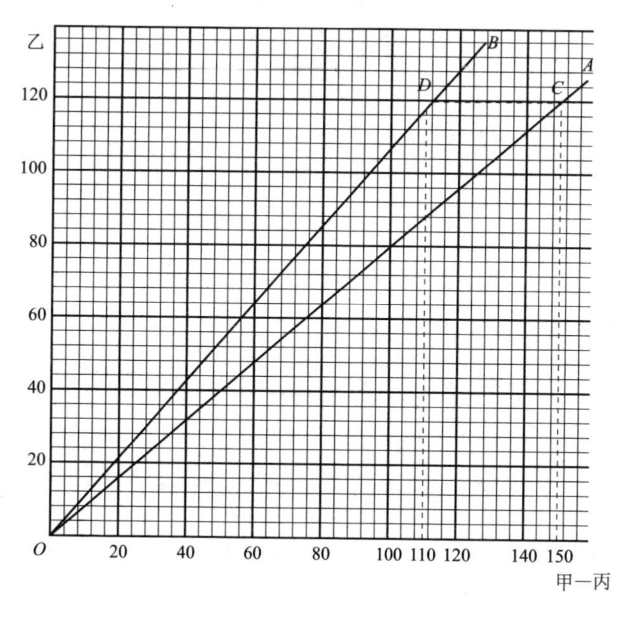

图 131

本题，也含有不是比例的条件，所以应当先改变一下．“100 步内，乙负甲 20 步”，就是甲跑 100 步时，乙只跑 80 步；“180 步内，乙胜丙 15 步”，就是乙跑 180 步时，丙只跑 165 步．照这两个比，取横线表示甲和丙所跑的步数，纵线表示乙所跑的步数，我画出 OA 和 OB 两条线来．

由横线上 150——甲跑的步数——往上看到 OA 线上的 C，它指明，甲跑 150 步时，乙跑 120 步．再由 C 横看到 OB 线上的 D，由 D 往下看，横线上 110，就是丙所跑的步数．从 110 到 150 相差 40，便是丙负甲的步数．

计算是这样：

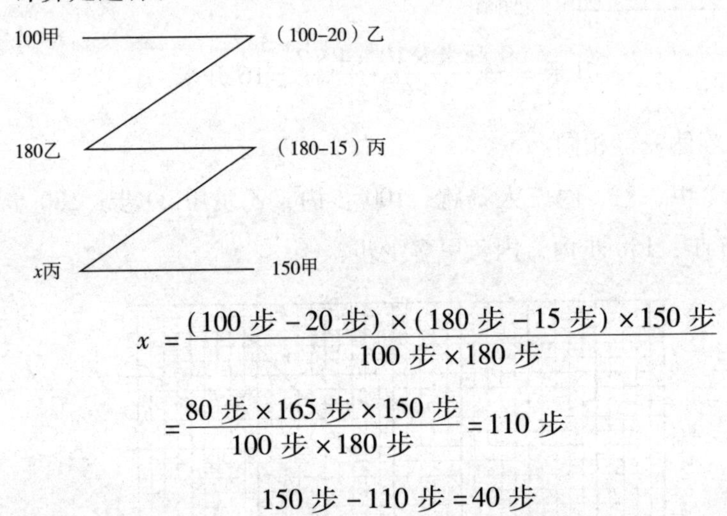

$$x=\frac{(100\text{步}-20\text{步})\times(180\text{步}-15\text{步})\times150\text{步}}{100\text{步}\times180\text{步}}$$

$$=\frac{80\text{步}\times165\text{步}\times150\text{步}}{100\text{步}\times180\text{步}}=110\text{步}$$

$$150\text{步}-110\text{步}=40\text{步}$$

例四　甲、乙、丙三人速度的比，甲和乙是 3∶4，乙和丙是 5∶6. 丙 20 小时所走的距离，甲需走多长时间?

“这个题目，当然很容易，但需注意走一定距离所需的时间和速度是成反比例的．”马先生警告我们．

因为这个警告，我们便知道，甲和乙速度的比是 3∶4，则他们走相同的距离，所需的时间的比是 4∶3；同样地，乙和丙走相同的距离，所需的时间的比是 6∶5. 至于作图的方法和前一题相同．最后由横线上的 20，就用它表示时间，直上到 OB 线的 C，由 C 横过去到 OA 上的 D，由 D 直下到横线上 32. 它告诉我们，甲需走 32 小时．

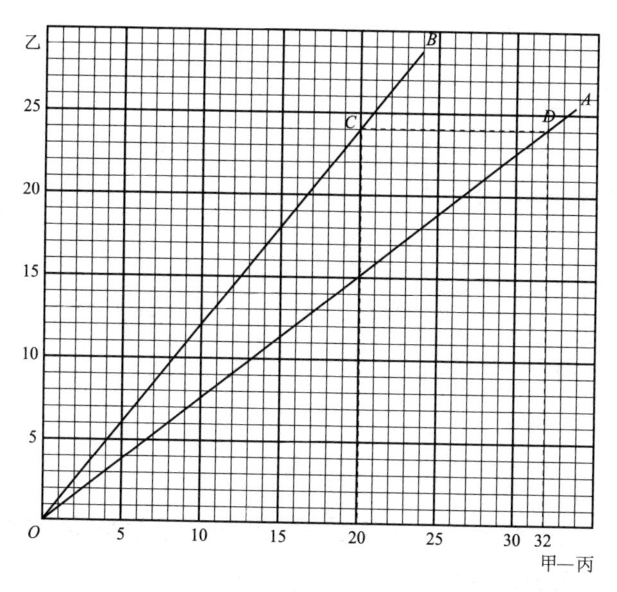

图 132

计算的方法是：

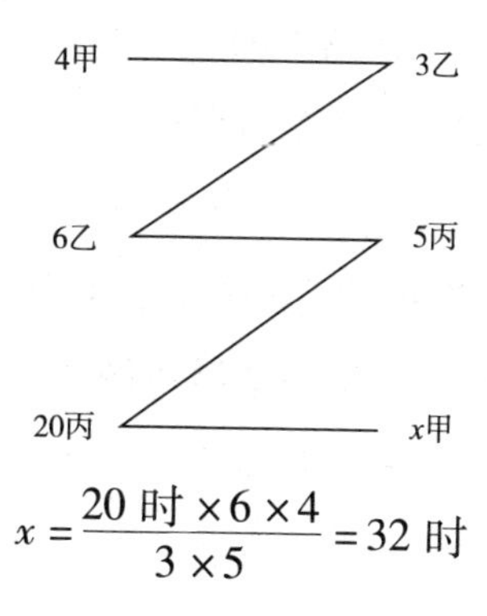

$$x = \frac{20\text{ 时} \times 6 \times 4}{3 \times 5} = 32\text{ 时}$$

29 按比分配

例一 大小两数的和为20，小数除大数得4，大小两数各是多少？

“马先生！这个题已经讲过了！”周学敏还不等马先生将题写完，就喊了起来．不错，第4讲的例二，便是这道题．难道马先生忘了吗？不！我想他一定有别的用意，故意来这么一下．

“已经讲过的？——很好！你就照已经讲过的作出来看看．”马先生叫周学敏将图作在黑板上．

“好！图作得不错！”周学敏做完，回到座位上的时候，马先生说，“现在你们看一下，*OD* 这条线是表示什么的?”

“表示倍数一定的关系，大数是小数的4倍．”周学敏今天不知为什么特别高兴，比平日还喜欢说话．

“我说，它表示比一定的关系，对不对?”马先生问．

“自然对！大数是小数的4倍，也可说是大数和小数的比是4∶1，或小数和大数的比是1∶4．”王有道抢着回答．

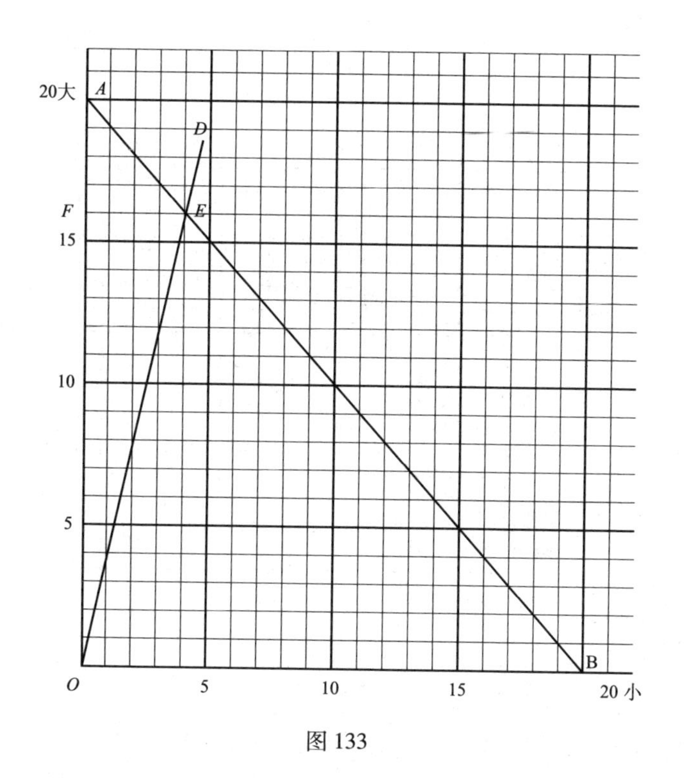

图 133

"好！那么，这个题……"马先生说着在黑板上写：

——依照4和1的比将20分成大小两个数，各是多少？

"这个题，在算术中，属于哪一部分？"

"配分比例."周学敏又很快地回答.

"它和前一个题，在本质上是不是一样的？"

"一样的！"我说.

这一来，我们当然明白了，配分比例问题的作图法，和四则问题中的这种题的作图法，根本上是一样的.

例二 4尺长的线，依照3∶5的比，分成两段，各长多少？

现在，在我们当中，这个题，我相信无论什么人都会做了. AB 表示和一定，4尺的关系. OC 表示比一定，3∶5的关系. FD 等于 OE，等于 $1\frac{1}{2}$ 尺；ED 等于 OF，等于 $2\frac{1}{2}$ 尺. 它们的和是4尺，比正好是

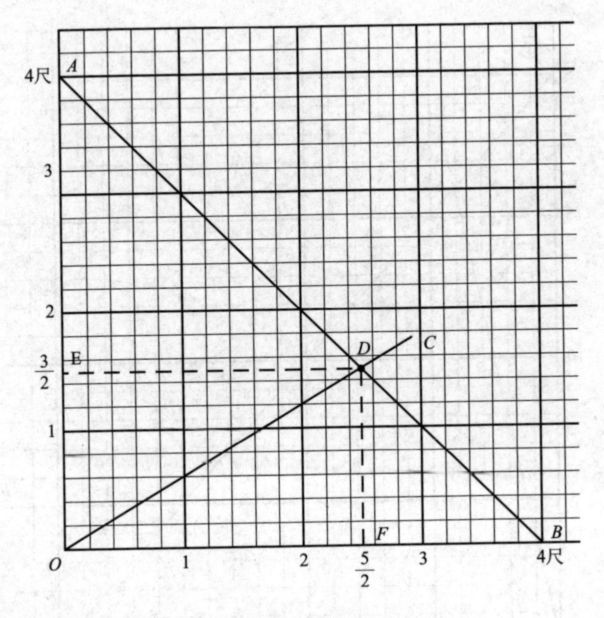

图 134

$$1\frac{1}{2}:2\frac{1}{2}=\frac{3}{2}:\frac{5}{2}=3:5$$

算术上的计算法，比起作图法来，实在要复杂些：

$$(3+5):3=4\text{尺}:x_1\text{尺}，x_1\text{尺}=\frac{4\text{尺}\times3}{3+5}=\frac{12\text{尺}}{8}=1\frac{1}{2}\text{尺}$$

$$(3+5):5=4\text{尺}:x_2\text{尺}，x_2\text{尺}=\frac{4\text{尺}\times5}{8}=\frac{5\text{尺}}{2}=2\frac{1}{2}\text{尺}$$

“这道题的画法，还有别的吗?”马先生在大家做完以后，忽然提出这个问题．

没有人回答．

“你们还记得用几何画法中的等分线段的方法，来做除法吗?”听马先生这么一说，我们自然想起第2节所说的了．他接着又说：

“比是可以看成分数的，这我们早就讲过．分数可看成若干小单位集合成的，不是也讲过吗？把已讲过的三项合起来，我们就可得出本题的另一种做法了．

“你们无妨把横线表示被分的数量 4 尺，然后将它等分成（3 +5）段.”马先生这样吩咐.

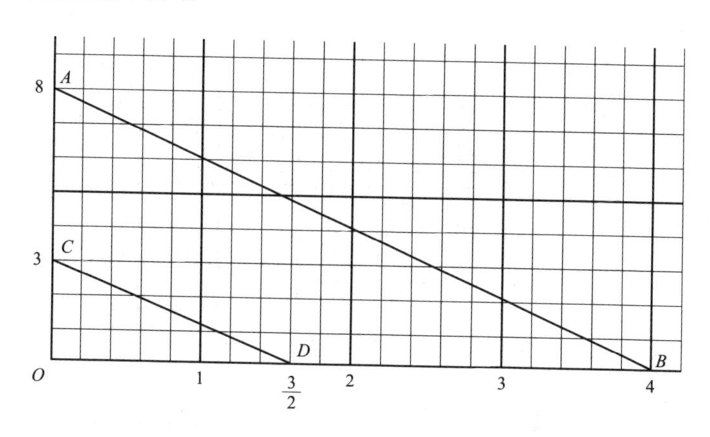

图 135

但我们照第 2 节所说的方法，过 O 任意画一条线，马先生却说：“这真是食而不化，依样画葫芦，未免小题大做.”他指示我们把纵线当要画的线，更是省事.

真的，我先在纵线上取 OC 等于 3，再取 CA 等于 5. 连结 AB，过 C 作 CD 和它平行，这实在简捷得多. OD 正好等于 $1\frac{1}{2}$ 尺，DB 正好等于 $2\frac{1}{2}$ 尺. 结果不但和图 134 相同，而且把算式比照起来看更要简单些，即如：

$$\begin{array}{ccccc}(3 & + 5): & 3 & = 4\text{ 尺}: & x_1\text{尺}\\ \vdots & \vdots & \vdots & \vdots & \vdots\\ OC & CA & OC & OB & OD\end{array}$$

例三 把 96 分成三份，第一份是第二份的 4 倍，第二份是第三份的 3 倍，各是多少？

这题不过比前一题复杂一点儿，照前一题的方法做应当是不难的. 但作图 136 时，我却感到了困难. 表示和一定的线 AB 当然毫无疑义可以作，但表示比一定的线呢？我们所作过的，都是表示单比的，现在是连比呀！连比！连比！本题，第一、二、三各份的连比，由 4∶1 和 3∶1，得 12∶3∶1，这怎么画线表示呢？

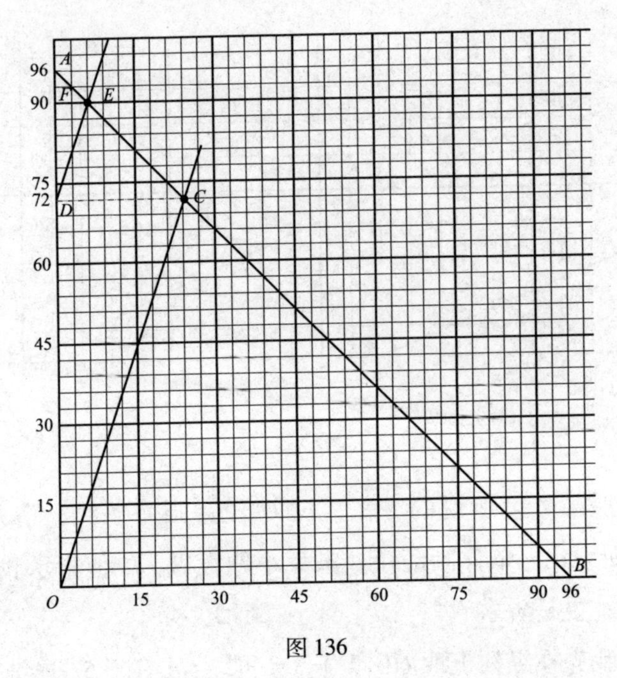

图 136

马先生见我们无从下手，充满疑惑，突然笑了起来，问道：

“你们读过《三国演义》吗？它的头一句是什么？”

“话说，天下大势，分久必合，合久必分……”一个被我们称为“小说家”的同学说．

“运用之妙，存乎一心．现在就用得到一分一合了．先把第二、三两份合起来，第一份与它的比是什么？”

“12∶4，等于 3∶1.”周学敏．

依照这个比，我画 OC 线，得出第一份 OD 是 72. 以后呢？又没办法了．

“刚才是分而合，现在就当由合而分了．DA 所表示的是什么？”马先生问．

自然是第二、三份的和．为什么一下子就迷惑了呢？为什么不会想

到把 A、E、C 当成独立地看，作 3∶1 来分 AC 呢？照这个比，作 DE 线，得出第二份 DF 和第三份 FA，各是 18 和 6.72 是 18 的 4 倍，18 是 6 的 3 倍，岂不是正合题吗？

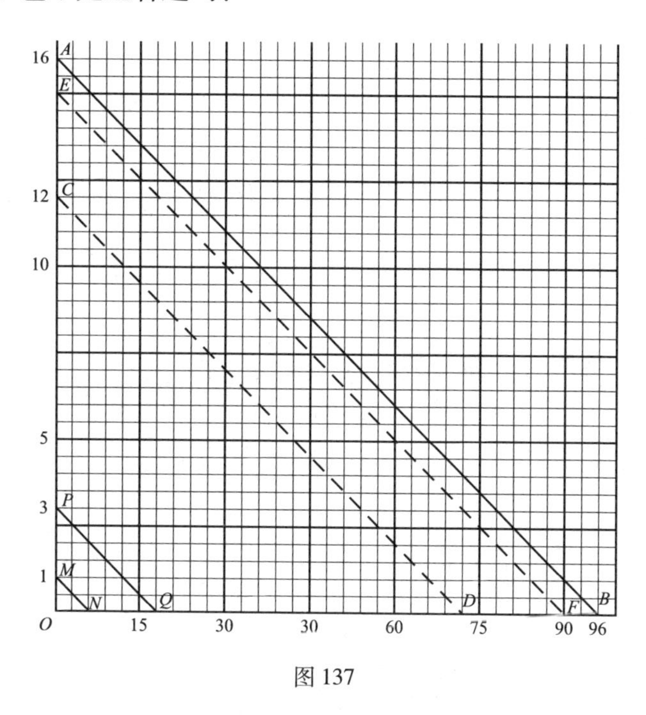

图 137

本题的算法，很简单，我不写了．但用第二种方法作图（图 137)，更简明些，所以我把它作了出来．不过我先作的图和图 135 的形式是一样的：OD 表示第一份，DF 表示第二份，FB 表示第三份．后来王有道与我讨论了一番，依 1∶3∶12 的比，作 MN 和 PQ 同 CD 平行，用 ON 和 OQ 分别表示第三份和第二份，它们的数目，一眼望去就明了了．

例四 甲、乙、丙三人，合买一块地，各人应有地的比是 $1\frac{1}{2}$∶$2\frac{1}{2}$∶4. 后来甲买进丙所有的 $\frac{1}{3}$，而卖 1 亩给乙，甲和丙所有的地就相等了．求各人原有地多少？

虽然这个题的弯子绕得比较多，但马先生说，对付繁杂的题目，最要紧的是化整为零，把它分成几步去做．马先生叫王有道做这个分析工作．

王有道说：

“第一步，把三个人原有地的连比，化得简单些，就是：

$1\frac{1}{2}:2\frac{1}{2}:4=\frac{3}{2}:\frac{5}{2}:4=3:5:8.$”

接着他说：

“第二步，要求出地的总数，这就要替他们清一清账了．对于总数说，因为 $3+5+8=16$，所以甲占 $\frac{3}{16}$，乙占 $\frac{5}{16}$，丙占 $\frac{8}{16}$.

“丙卖去他的 $\frac{1}{3}$，就是卖去总数的 $\frac{8}{16}\times\frac{1}{3}=\frac{8}{48}$，

“他剩的是自己的 $\frac{2}{3}$，等于总数的 $\frac{8}{16}\times\frac{2}{3}=\frac{16}{48}$.

“甲原有总数的 $\frac{3}{16}$，再买进丙卖出的总数的 $\frac{8}{48}$，就是总数的

$$\frac{3}{16}+\frac{8}{48}=\frac{9}{48}+\frac{8}{48}=\frac{17}{48}.$$

“甲卖去 1 亩便和丙的相等，这就等于说，甲若不卖这 1 亩的时候，比丙多 1 亩．

“好，这一来我们就知道，总数的 $\frac{17}{48}$ 比它的 $\frac{16}{48}$ 多 1 亩．所以总数是：

$$1\text{ 亩}\div\left(\frac{17}{48}-\frac{16}{48}\right)=1\text{ 亩}\div\frac{1}{48}=48\text{ 亩}.$$”

这以后，就算王有道不说，我也知道了：

$$16:\begin{matrix}3\\5\\8\end{matrix}=48\text{ 亩}:\begin{matrix}x_1\text{ 亩}\\x_2\text{ 亩}\\x_3\text{ 亩}\end{matrix}$$

$$x_1 \text{ 亩} = \frac{48 \text{ 亩} \times 3}{16} = 9 \text{ 亩（甲）}$$

$$x_2 \text{ 亩} = \frac{48 \text{ 亩} \times 5}{16} = 15 \text{ 亩（乙）}$$

$$x_3 \text{ 亩} = \frac{48 \text{ 亩} \times 8}{16} = 24 \text{ 亩（丙）}$$

虽然结果已经算了出来，马先生还叫我们用作图法来做一次．

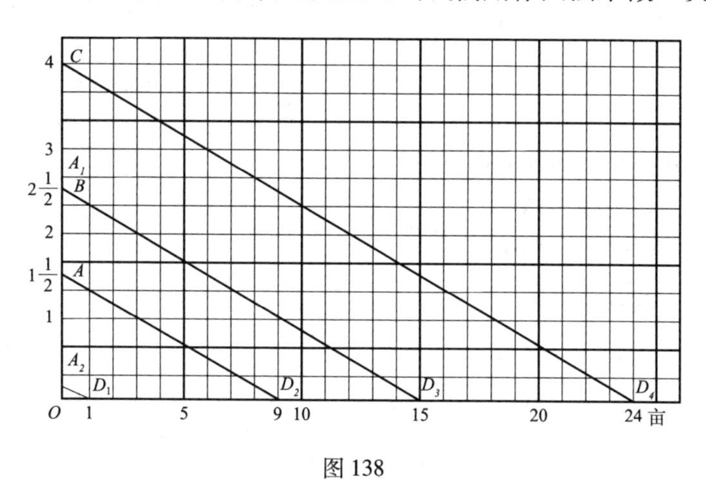

图 138

我对于作图，决定用前面王有道同我讨论所得的形式．

横线表示亩数．

纵线：OA 表示甲的，$1\frac{1}{2}$. OB 表示乙的，$2\frac{1}{2}$. OC 表示丙的，4.

在 OA 上加 OC 的 $\frac{1}{3}$（4 小段）得 OA_1. 从 A_1O 减去 OC 的 $\frac{2}{3}$（8 小段）得 OA_2，这就是后来甲卖给乙的．

连 A_2D_1（OD_1表示 1 亩），作 AD_2、BD_3和 CD_4与 A_2D_1平行．

OD_2指 9 亩，OD_3指 15 亩，OD_4指 24 亩，它们的连比，正是：

$$9 : 15 : 24 = 3 : 5 : 8 = 1\frac{1}{2} : 2\frac{1}{2} : 4$$

这样看起来，作图法还要简捷些．

例五　甲工作6日，乙工作7日，丙工作8日，丁工作9日，其工价相等．现在甲工作3日，乙工作5日，丙工作12日，丁工作7日，共得工资24元6角4分，求每个人应得多少？

自然，这个题，只要先找出四个人各应得工资的连比就容易了．

我想，这是说得过去的，假设他们相等的工价都是1，则他们各人一天所得的工价，便是$\frac{1}{6}$、$\frac{1}{7}$、$\frac{1}{8}$、$\frac{1}{9}$．而他们应得的工价的比，是：

$$甲:乙:丙:丁=\frac{3}{6}:\frac{5}{7}:\frac{12}{8}:\frac{7}{9}=63:90:189:98$$

$$63+90+189+98=440$$

$$24.64\text{ 元}\times\frac{1}{440}=0.056\text{ 元}$$

0.056 元 ×63 = 3.528 元（甲的）

0.056 元 ×90 = 5.04 元（乙的）

0.056 元 ×189 = 10.584 元（丙的）

0.056 元 ×98 = 5.488 元（丁的）

本题若用作图法解，理论上当然毫无困难，但事实上要表示出三位小数来，是难能可贵的啊！

30 结束的一课

暑假已快完结，马先生的讲述，这已是第三十次．全部算术中的重要题目，可以说，十分之九都提到了．还有许多要点，是一般的教科书上不曾讲到的．这个暑假，我过得算最有意义了．

今天，马先生来结束全部的讲授．他提出混合比例的问题，照一般算术教科书上的说法，将混合比例的问题分成四类，马先生就按照这种顺序讲．

第一，求平均价．

例一　上等酒二斤，每斤三角五分；中等酒三斤，每斤三角；下等酒五斤，每斤二角．三种相混，每斤值多少钱？

这又是已经讲过的第13讲老题目，但周学敏这次却不开腔了，他大概和我一样，正期待着马先生的花样翻新吧．

“这个题目，第13讲已讲过，你们还记得吗？”马先生问．

“记得！”好几个人回答．

"现在，我们已有了比例的概念和它的表示法，无妨变一个花样．"果然马先生要换一种方法了，"你们用纵线表示价钱，横线表示斤数，先画出正好表示上等酒二斤一共的价钱的线段．"

当然，这是非常容易的，我们画了 *OA* 线段．

"再从 *A* 起画表示中等酒三斤一共的价钱的线段．"

我们又作 *AB*.

"又从 *B* 起画表示下等酒五斤一共的价钱的线段．"

这就是 *BC*.

"连结 *OC*．"我们照办了．

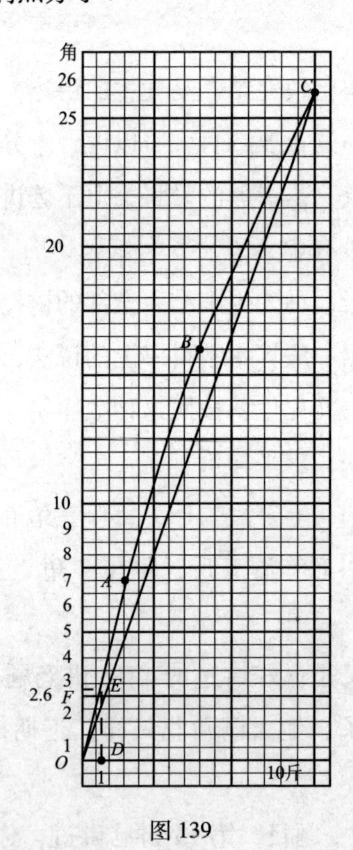

图 139

马先生问："由 *OC* 看来，三种酒一共值多少钱？"

"2 元 6 角．"我说．

"一共几斤?"

"10 斤."周学敏.

"怎样找出一斤的价钱呢?"

"由指示一斤的 D 点."王有道说,"画纵线和 OC 交于 E,由 E 横看得 F,它指出 2 角 6 分来."

"对的!这种作法并不比第 13 节所用的简单,不过对于以后的题目来说,却比较适用."马先生这样做一个小小的结束.

第二,求混合比.

例二　上茶每斤价值 1 元 2 角,下茶每斤价值 8 角.现在要混成每斤价值 9 角 5 分的茶,应依照怎样的比配合?

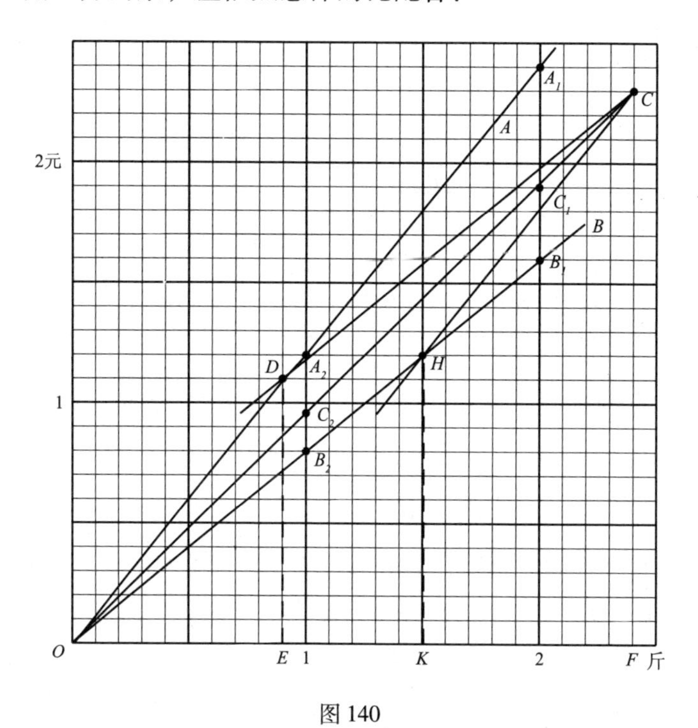

图 140

依了前面马先生所给的暗示,我先作好表示每斤 1 元 2 角、每斤 8 角和每斤 9 角 5 分的三条线 OA、OB 和 OC. 再将它和图 139 比较一下,我就想到将 OB 搬到 OC 的上面去,便是由 C 作 CD 平行于 OB. 它和 OA

交于 D，由 D 往下到横线上得 E.

上茶：下茶 $=OE:EF=9:15=3:5$.

上茶 3 斤价值 3 元 6 角，下茶 5 斤价值 4 元，一共 8 斤价值 7 元 6 角，每斤正好价值 9 角 5 分.

自然，将 OA 搬到 OC 的下面，也是一样的. 即过 C 作 CH 平行于 OA，它和 OB 交于 H. 由 H 往下到横线上，得 K.

下茶：上茶 $=OK:KF=15:9=5:3$.

结果完全一样，不过顺序不同罢了.

其实这个比由 A_1、C_1、B_1 和 A_2、C_2、B_2 的关系就可看出来的：

$A_1C_1:C_1B_1=5:3$,

$A_2C_2:C_2B_2=2\dfrac{1}{2}:1\dfrac{1}{2}=\dfrac{5}{2}:\dfrac{3}{2}=5:3$.

把这种情形，和算术上的计算法比较，更是有趣.

平均价	原　价	损　益	混合比	
0.95 元 (OC)	上 1.20 元 (OA) 下 0.80 元 (OB)	−0.25 元 (A_2C_2) +0.15 元 (B_2C_2)	15 (EF) 9 (OE)	5 (A_1C_1 或 A_2C_2) 3 (C_1B_1 或 C_2B_2)

例三　有四种酒，每斤的价为：A，5 角；B，7 角；C，1 元 2 角；D，1 元 4 角. 怎样混合，可成每斤价为 9 角的酒？

作图是容易的，依每斤的价钱，画 OA、OB、OC、OD 和 OE 五条线. 再过 E 作 OA 的平行线，和 OC、OD 交于 F、G. 又过 E 作 OB 的平行线，和 OC、OD 交于 H、I. 由 F、G、H、I 各点，相应地便可得出 A 和 C、A 和 D、B 和 C，及 B 和 D 的混合比来. 配合这些比，就可得出所求的数. 因为配合的方法不同，形式也就各别了.

马先生说，本题由 F、G、H、I 各点去找 A 和 C、A 和 D、B 和 C，及 B 和 D 的比，反不如就 AE、BE、CE、DE 看，来得简明. 依照这个看法：

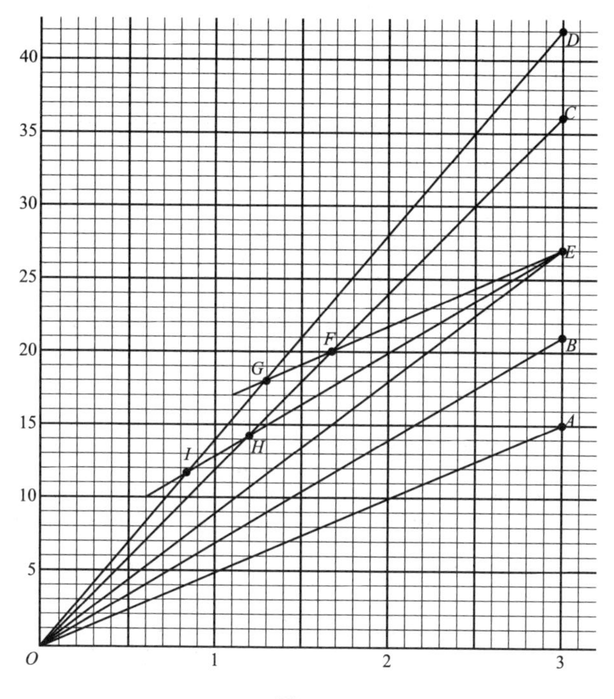

图 141

$$AE = 12,\ BE = 6$$

$$CE = 9,\ DE = 15$$

因为只用到它们的比，所以可变成：

$$AE = 4,\ BE = 2$$

$$CE = 3,\ DE = 5$$

再注意把它们的损益相消，就可以配合成了.

配合的方式，本题可有七种. 马先生叫我们共同考察，将算术上的算法，和图对照起来看，这实在是又切实又有趣的工作. 本来，我们照死法子计算的时候，方法虽懂得，结果虽不差，但心里面总是模糊的. 现在，经过这一番探讨，才算一点儿不含糊地明了了.

配合的方式，可归结成三种，就依照这样，分别写在下面.

（1）损益各取一个相配的，在图上，就是 OE 线的上（损）和下

（益）各取一个相配.

①A 和 D、B 和 C 配.

	原价	损益	混合比
平均价9角（OE）	A 5角（OA）	+4角（AE下）	5（DE）
	B 7角（OB）	+2角（BE下）	3（CE）
	C 12角（OC）	−3角（CE上）	2（BE）
	D 14角（OD）	−5角（DE上）	4（AE）

②A 和 C、B 和 D 配.

	原价	损益	混合比
平均价9角（OE）	A 5角（OA）	+4角（AE下）	3（CE）
	B 7角（OB）	+2角（BE下）	5（DE）
	C 12角（OC）	−3角（CE上）	4（AE）
	D 14角（OD）	−5角（DE上）	2（BE）

（2）取损或益中的一个和益或损中的两个分别相配，其他一个损或益和一个益或损相配：

①D 和 A、B 各相配，C 和 A 配.

	原价	损益	混合比			
平均价9角	A 5角	+4角	5（DE）		3（CE）	8
	B 7角	+2角		5（DE）		5
	C 12角	−3角			4（AE）	4
	D 14角	−5角	4（AE）	2（BE）		6

②D 和 A、B 各相配，C 和 B 相配.

	原价	损益	混合比			
平均价9角	A 5角	+4角	5（DE）			5
	B 7角	+2角		5（DE）	3（CE）	8
	C 12角	−3角			2（BE）	2
	D 14角	−5角	4（AE）	2（BE）		6

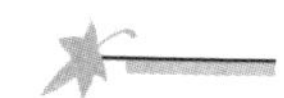

③C 和 A、B 各相配，D 和 A 相配．

	原价	损益	混合比			
平均价 9 角	A 5 角	+4 角	3（CE）		5（DE）	8
	B 7 角	+2 角		3（CE）		3
	C 12 角	−3 角	4（AE）	2（BE）		6
	D 14 角	−5 角			4（AE）	4

④C 和 A、B 相配，D 和 B 相配．

	原价	损益	混合比			
平均价 9 角	A 5 角	+4 角	3（CE）			3
	B 7 角	+2 角		3（CE）	5（DE）	8
	C 12 角	−3 角	4（AE）	2（BE）		6
	D 14 角	−5 角			2（BE）	2

（3）取损或益中的每一个，都和益或损中的两个相配．

D 和 C 各都同 A 和 B 相配．

	原价	损益	混合比					
平均价 9 角	A 5 角	+4 角	5（DE）		3（CE）		8	4
	B 7 角	+2 角		5（DE）		3（CE）	8	4
	C 12 角	−3 角			4（AE）	2（BE）	6	3
	D 14 角	−5 角	4（AE）	2（BE）			6	3

第三，求混合量，知道了全量．

例四　鸡、兔同一笼，共十九个头，五十二只脚，求各有几只？

这原是马先生说过的第 10 讲——在混合比例中还要讲的．到了现在，平心而论，我已掌握它的算法了：先求混合比，再依按比分配的方法，把总数分开就行．

且先画图吧．用纵线表示脚数，横线表示头数，A 就指出 19 个头同 52 只脚．

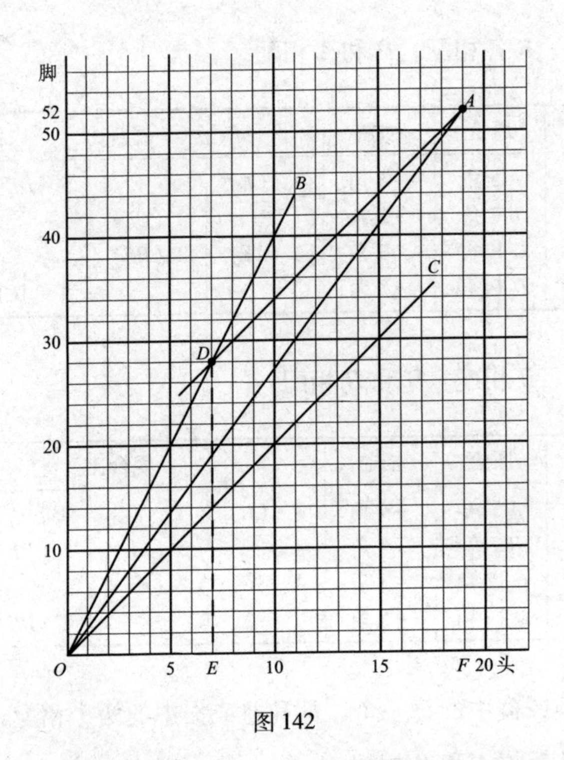

图 142

连 OA 表示平均的脚数，作 OB 和 OC 表示兔和鸡的数目．又过 A 作 AD 平行于 OC，和 OB 交于 D.

由 D 往下看到横线上，得 E. OE 指示 7，是兔的只数；EF 指示 12，是鸡的只数．

计算的方法，虽然很简单，却不如作图法的简明：

	每只脚数	相差	混合比		
平均脚数 $\frac{52}{19}$（OA）	鸡 2（OC）	少 $\frac{14}{19}$（下）	$\frac{24}{19}$	24	12
	兔 4（OB）	多 $\frac{24}{19}$（上）	$\frac{14}{19}$	14	7

在这里，因为混合比的两项 12 同 7 的和正是 19，所以用不着再计算一次按比分配了．

例五　上、中、下三种酒，每斤的价是 3 角 5 分、3 角和 2 角．要

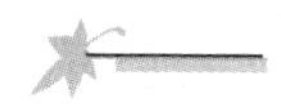

混合成每斤 2 角 5 分的酒 100 斤，每种需多少？

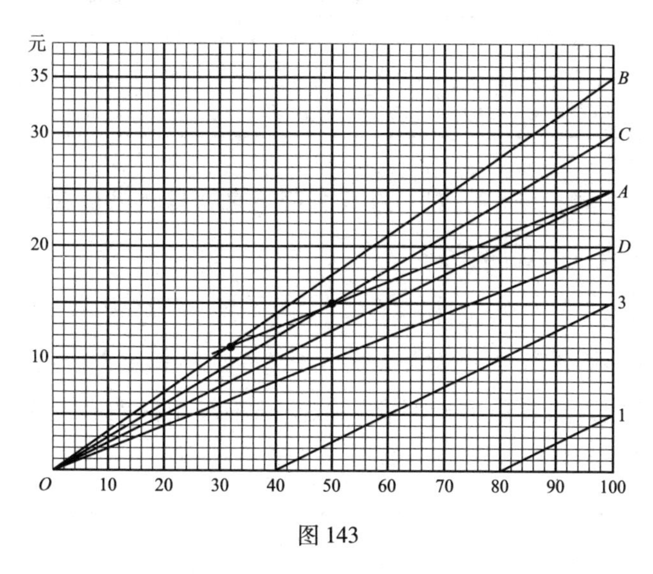

图 143

作 OA、OB、OC 和 OD 分别表示每斤价 2 角 5 分、3 角 5 分、3 角和 2 角的酒．这个图正好表出：上种酒损 1 角，BA；中种酒损 5 分，CA；而下种酒益 5 分，DA. 因而混合比是：

$$
\begin{array}{ccc}
\text{上}\quad\text{中}\quad\text{下} & \text{上}\quad\text{中}\quad\text{下} & \text{上}\quad\text{中}\quad\text{下} \\
\left.\begin{array}{l} 5:\qquad 10 \\ \quad\ 5:5 \end{array}\right\}\text{即} & \left.\begin{array}{l} 1:\qquad 2 \\ \quad\ 1:1 \end{array}\right\}\text{即} & 1:1:3
\end{array}
$$

依这个比，在右边纵线上取 1 和 3，过 1 和 3 作线平行于 OA，交横线于 80 和 40. 从 80 到 100 是 20，从 40 到 100 是 60. 即上酒 20 斤、中酒 20 斤、下酒 60 斤．

算法和前面一样，不过最后需按 1∶1∶3 的比分配 100 斤罢了．所以，本不想把式子写出来．

但是，马先生却问："这个结果自然是对的了，还有别的分配法没有呢？"

为了回答这个问题，只得将式子写出来．

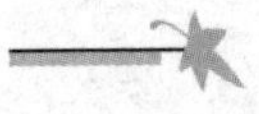

平均价	原价	损益	混合比			
平均价 2.5角（OA）	上3.5角（OB）	−1.0角（BA上）	5（OA）		5	1
	中3.0角（OC）	−0.5角（CA上）		5（CA）	5	1
	下2.0角（OD）	+0.5角（DA下）	10（BA）	5（CA）	15	3

混合比仍是1∶1∶3，把100斤分配下来，自然仍是20斤、20斤和60斤了，还有什么疑问呢？

不！但是不！马先生说：“比是活动的，在这里，上比下和中比下，各为5∶10和5∶5，也就是1∶2和1∶1. 从根本上讲，只要按照这两个比，分别取出各种酒相混合，损益都正好相抵消而合于平均价.”所以：

混合比		(1)			(2)			(3)			(4)			(5)			(6)			(7)		
	上	5		5	1		1	1		1	2		2	3		3	6		6	7		7
	中		5	5		1	1		11	11		7	7		8	8		1	1		2	2
	下	10	5	15	2	1	3	2	11	13	4	7	11	6	8	14	12	1	13	14	2	16

（1）和（2）是已用过的，（3）（4）（5）和（6）都可得出答数来.”是的，由（3），1、11、13的和是25，所以：

上100斤$\times\frac{1}{25}=$4斤，中100斤$\times\frac{11}{25}=$44斤，下100$\times\frac{13}{25}=$52斤

由（4），2、7、11的和是20，所以：

上100斤$\times\frac{2}{20}=$10斤，中100斤$\times\frac{7}{20}=$35斤，下100斤$\times\frac{11}{20}=$55斤

由（5），3、8、14的和是25，所以：

上100斤$\times\frac{3}{25}=$12斤，中100斤$\times\frac{8}{25}=$32斤，下100斤$\times\frac{14}{25}=$56斤

由（6），6、1、13的和是20，所以：

上100斤$\times\frac{6}{20}=$30斤，中100斤$\times\frac{1}{20}=$5斤，下100斤$\times\frac{13}{20}=$65斤.

由（7），7、2、16的和是25，所以：

上 100 斤 $\times\frac{7}{25}=28$ 斤，中 100 斤 $\times\frac{2}{25}=8$ 斤，下 100 斤 $\times\frac{16}{25}=64$ 斤

“除了这几种，还有没有呢?”我正怀着这个疑问，马先生却问了出来，但是没有什么人回答．后来，他说，还有，但还有更根本的问题要先解决．

又是什么问题呢?

马先生问：“你们就这几个例看，能得出什么结果呢?”

“各个连比三次的和，是 5（2）、20［（4）和（6）］、25［（1）（3）和（5）］，都是 100 的约数．”王有道．

“这就是根本问题．”马先生，“因为我们要的是整数的答数，所以这些数就得除得尽 100．”

“那么，能够配来合用的比，只有这么多了吗?”周学敏问．

“不止这些，不过配成各项的和是 5 或 20 或 25 的，只有这么多了．”马先生回答．

“怎么知道的呢?”周学敏追问．

“那是一步一步推算的结果．”马先生说，“现在你仔细看前面的六个连比．把（2）做基本，因为它是最简单的一个．在（2）中，我们又用上和下的比，1∶2 做基本，将它的形式改变．再把中和下的比，1∶1 也跟着改变，来凑成三项的和是5，或20 或25. 例如，用2 去乘这两项，得2∶4，它们的和是 6. 20 减去 6 剩 14，折半是 7，就用 7 乘第二个比的两项，这样就是（4）．”

“用2 乘第一个比的两项，得 2∶4，它们的和是 6. 第二个比的两项，也用2 去乘，得2∶2，它们的和是4. 连比变成2∶2∶6，三项的和是 10，也能除尽 100. 为什么不用这一个连比呢?”王有道问．

“不是不用，是可以不用．因为2∶2∶6 和（1）的5∶5∶15 同着（2）的1∶1∶3 是相同的．由此可以看出，乘第一个比的两项所用的数，必须和乘第二比的两项所用的数不同，结果才不同．”

马先生回答后，王有道又说：

“你们索性再进一步探究．第一个比，1∶2，两项的和是3，是一个奇数．第二个比，1∶1，两项的和是2，是一个偶数．所以，第一个比的两项，无论用什么数（整数）去乘，它们的和总是3的倍数．并且，乘数是奇数，这个和也是奇数；乘数是偶数，它也是偶数．再说奇数加偶数是奇数，偶数加偶数仍然是偶数．

“跟着这几个法则，我们来检查上面的（3）（5）（6）（7）四种混合比．（3）的第一个比的两项没有变，就算是用1去乘，结果两项的和是奇数，所以连比三项的和也只能是奇数，它就只能是25.（5就是［2］）（5）的第一个比的两项，是用3去乘的，结果两项的和是奇数，所以连比三项的和也只能是奇数，它就只能是25. 在这里，要注意，若用4去乘第一个比的两项，结果它们的和是12，只能也用4去乘第二个比的两项，使它成4∶4，而连比成为4∶4∶12，这和（1）同（2）一样．若用5去乘第一个比的两项，不用说，得出来的就是（1）了．所以（6）的第一个比的两项是用6去乘的，结果它们的和是18，偶数，所以连比三项的和只能是20. 20减去18剩2，正是第二个比两项的和．用7去乘第一个比的两项，结果，它们的和是21，奇数，所以连比三项的和只能是25. 25减去21剩4，折半得2，所以第二个比，应该变成2∶2，这就是（7）．

“假如用8以上的数去乘第一个比的两项，结果它们的和已在24以上，连比三项的和当然超过25. ——这就说明了配成连比三项的和是5或20或25的，只有（2）（3）（4）（5）（6）（7）六种．”

“那么，这个题，也就只有这六种答数了？”一个同学问．

“不！我已回答过周学敏．周学敏！连比三项的和，合用的，还有什么？”马先生问．

“50和100.”周学敏．

“对的！那么，还有几种方法可配合呢？”马先生．

“……”

“没有人能回答上来吗？这不是很便当吗？”马先生，“其实也是很呆板的．第一个比变化后，两项的和总是 3 的倍数，这是第一点．（7）的第一个比两项的和已是 21，这是第二点．50 和 100 都是偶数，所以变化下来的结果，第一个比两项的和必须是 3 的倍数，而又是偶数，这是第三点．由这三点去想吧！先从 50 起．”

“由第一、二点想，21 以上 50 以下的数，有几个数是 3 的倍数？”马先生问．

“50 减去 21 剩 29，3 除 29 可得 9，一共有 9 个．”周学敏．

“再由第三点看，只能用偶数，9 个数中有几个可用？”

“21 以后，第一个 3 的倍数是偶数．50 前面，第一个 3 的倍数，也是偶数．所以有 5 个可用．”王有道说．

“不错．24、30、36、42 和 48，正好 5 个．”我一个一个地想了出来．

“那么，连比三项的和，配成这五个数，都合用吗？”马先生问．

大概这中间又有什么问题了．我就把五个连比都做了出来．结果，真是有问题．

第一，用 10 乘第一个比的两项，得 10 : 20，它们的和是 30. 50 减去 30 剩 20，折半得 10，连比便成了 10 : 10 : 30，等于 1 : 1 : 3，同（2）是一样的．

第二，用 14 乘第一个比的两项，得 14 : 28，它们的和是 42. 50 减去 42 剩 8，折半得 4，连比便成了 14 : 4 : 32，等于 7 : 2 : 16，同（7）一样．

我将这个结果告诉了马先生，他便说：

“可见得，只有三种方法可配合了．连同上面的六种——（1）和（2）只是一种——一共不过九种．此外，就没有了？”

我觉得，这倒很有意思．把九种比写出来一看，除前面的（2），它是作基本的以外，都是用一个数去乘（2）的第一个比的两项得出来的．这些乘数，依次是1、2、3、6、7、8、12和16．用5、10或14做乘数的结果，都与这九种中的一种重复．用9、11、13或15去乘是不合用的．我正在玩味这些情况，突然周学敏大声说：

"马先生，不对！"

"怎么？你发现了什么？"马先生很诧异．

"前面的（4）和（6），第一个比两项的和都是偶数，不是也可以将连比配成三项的和都是50吗？"周学敏得意地说．

"好！你试试看．"马先生，"这个漏洞，你算捉到了．"

我觉得很奇怪，为什么马先生早没有注意到呢？

"（4）的第一个比，两项的和是6.50减去6剩44，折半是22，所以第二个比可变成22∶22，连比是2∶22∶26．"周学敏．

"用2去约来看．"马先生．

"是1∶11∶13．"周学敏．

"这不是和（3）一样了吗？"马先生说．周学敏却窘了．

接着，马先生又说："本来，这也应当探究的，再把那一个试试看．"我知道，这是他在安慰周学敏了．其实周学敏的这点精神，我也觉得佩服．

"（6）的第一个比，两项的和，是18.50减去18剩32，折半得16，所以连比是6∶16∶28．——还是可用2去约，约下来是3∶8∶14，正和（5）一样．"周学敏连不合用的理由也说了出来．

"好！我们总算把这个问题，解析得很透彻了．周学敏的疑问虽是对的，可惜他没抓住最紧要的地方．他只看到前面的七种，不曾想到七种以外．这一点我本来就要提醒你们的．假如用4去乘（2）的第一个比的两项，得的是4∶8，它们的和便是12.50减去12剩38，折半是19．第二比是19∶19．连比便是4∶19∶27．加上前面的九种一共有十种配合法．这种探究，不过等于一种游戏．假如没有总数100的限制，混合的方法本来是无穷的．"

对于这样的探究，我觉得很有趣，就把各种结果抄在后面．

(1)

混	上	1		1	20 斤	混
合	中		1	1	20 斤	合
比	下	2	1	3	60 斤	量

(2)

混	上	1		1	4 斤	混
合	中		11	11	44 斤	合
比	下	2	11	13	52 斤	量

(3)

混	上	2		2	10 斤	混
合	中		7	7	35 斤	合
比	下	4	7	11	55 斤	量

(4)

混	上	4		4	8 斤	混
合	中		19	19	38 斤	合
比	下	8	19	27	54 斤	量

(5)

混	上	3		3	12 斤	混
合	中		8	8	32 斤	合
比	下	6	8	14	56 斤	量

(6)

混	上	6		6	30 斤	混
合	中		1	1	5 斤	合
比	下	12	1	13	65 斤	量

(7)

混	上	7		7	28 斤	混
合	中		2	2	8 斤	合
比	下	14	2	16	64 斤	量

(8)

混	上	8		8	16 斤	混
合	中		13	13	26 斤	合
比	下	16	13	29	58 斤	量

(9)

混	上	12		12	24 斤	混
合	中		7	7	14 斤	合
比	下	24	7	31	62 斤	量

(10)

混	上	16		16	32 斤	混
合	中		1	1	2 斤	合
比	下	32	1	33	66 斤	量

“但是，连比三项的和是 100 的呢？”一个同学问马先生．

他说：“这也应该探究一番，一不做二不休，干脆尽兴吧！从哪里下手呢？”

“就和刚才一样，先找 100 以内的 3 的倍数，又是偶数的．3 除 100 可得 33，就是一共有 33 个 3 的倍数．第一个 3 和末一个 99 都是奇数．所以，100 以内，只有 16 个 3 的倍数是偶数．”周学敏回答得清楚极了．

“那么，混合的方法，是不是就有 16 种呢？”马先生又提出了问题．

“只好一个一个地做出来看了．”我说．

“那倒不必这么老实．例如，第一个比两项的和是 3 的倍数又是偶数，还是 4 的倍数的，大半就不必要．”马先生提出的这个条件，我还不明白是什么原因．我便追问：

“为什么？”

“王有道，你试着解释看．”马先生叫王有道．

“因为：第一，100 本是 4 的倍数．第二，第二个比总是由 100 减去第一个比的两项的和，折半得出来的，所以至少第二比的两项都是 2 的倍数．第三，这样合成的连比，三项都是 2 的倍数．用 2 去约，结果三项的和就在 50 以内，与前面用过的便重复了．例如 24，若第一个比为 8∶16，100 减去 24，剩 76，折半是 38，第二个比是 38∶38. 连比便是 8∶38∶54，等于 4∶19∶27.”王有道的解释我明白了．

“照这样说起来，16 个数中，有几个不必要的呢？”马先生．

“3 的倍数又是 4 的倍数的，就是 12 的倍数．100 用 12 去除，可得 8. 所以有 8 个是不必要的．”王有道想得真周到．

“剩下的八个数中，还有不合用的吗？”这个问题又把大家难住了．还是马先生来提示：

“30 的倍数，也是不必要的．”

这很容易考察，100 以内 30 的倍数，只有 30、60 和 90 这三个．60 又是 12 的倍数，依前面的说法，已不必要了，只剩 30 和 90. 它们同着 100 都是 5 和 10 的倍数．100 和它们的差，当然是 10 的倍数，折半后便是 5 的倍数．两个比的各项同是 5 的倍数，它们合成的连比的三项，自然都可用 5 去约．结果这两个连比三项的和都成了 20，也重复了．

所以八个当中又只有六个可用，那就是：

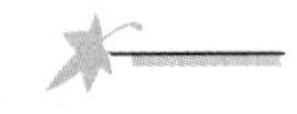

（11）

混	上	2		2	2 斤	混
合	中		47	47	47 斤	合
比	下	4	47	51	51 斤	量

（12）

混	上	6		6	6 斤	混
合	中		41	41	41 斤	合
比	下	12	41	53	53 斤	量

（13）

混	上	14		14	14 斤	混
合	中		29	29	29 斤	合
比	下	28	29	57	57 斤	量

（14）

混	上	18		18	18 斤	混
合	中		23	23	23 斤	合
比	下	36	23	59	59 斤	量

（15）

混	上	22		22	22 斤	混
合	中		17	17	17 斤	合
比	下	44	17	61	61 斤	量

（16）

混	上	26		26	26 斤	混
合	中		11	11	11 斤	合
比	下	52	11	63	63 斤	量

对于这一个例题，寻根究底地，弄得够多的了．接着马先生就讲第四类．

第四，求混合量，知道了一部分的量．

例六 每斤价 8 角、6 角、5 角的三种酒，混合成每斤价 7 角的酒．所用每斤价 8 角和 6 角的斤数的比为 3∶1，怎样配合法？

这很简单．先作 OA 表示每斤 7 角．次作 OB 表示每斤 8 角，B 正在纵线 3 上．从 B 作 BC，表示每斤 6 角．C 正在纵线 4 上．——这样一来，两种斤数的比便是 3∶1——从 C 再作 CD 表示每斤 5 角．CD 和 OA 交在纵线 5 上的 D. 所以，三种的比，是：

$$OB_1 : B_1C_1 : C_1D_1 = 3 : 1 : 1$$

试把计算法和它对照：

	原价	损益	混合比		
平均价 7 角（OA）	8 角（OB）	−1 角	2	1	3（OB_1）
	6 角（BC）	+1 角		1	1（B_1C_1）
	5 角（CD）	+2 角	1		1（C_1D_1）

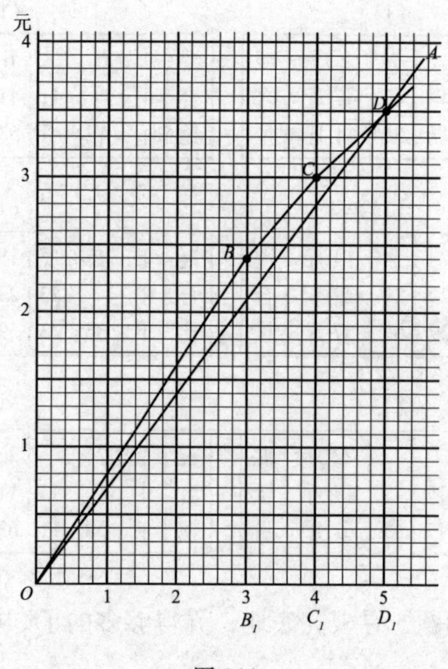

图 144

例七　每斤价 5 角、4 角、3 角的酒，混合成每斤价 4 角 5 分的，5 角的用 11 斤，4 角的用 5 斤，3 角的要用多少斤？

本题的作图法，和前一题的，除所表的数目外，完全相同．由图上一望可知，OB_1是 11 斤，B_1C_1是 5 斤，C_1D_1是 2 斤．和计算法比较，算起来还是麻烦些．

平均价	原价	损益	混合比						混合量		
4.5 角（OA）	5 角（OB）	−0.5 角	1.5	0.5	3	1	3	5	6 斤	5 斤	11 斤
	4 角（BC）	+0.5 角		0.5		1		5		5 斤	5 斤
	3 角（CD）	+1.5 角	0.5		1		1		2 斤		2 斤

由混合比得混合量，这一步比较麻烦，远不如画图法来得直接、痛快．先要依题目所给的数量来观察，4 角的酒是 5 斤，就用 5 去乘第二个比的两项．5 角的酒是 11 斤，但有 5 斤已确定了，11 减去 5 剩 6，它是第一个比第一项的 2 倍，所以用 2 去乘第一个比的两项．这就得混合

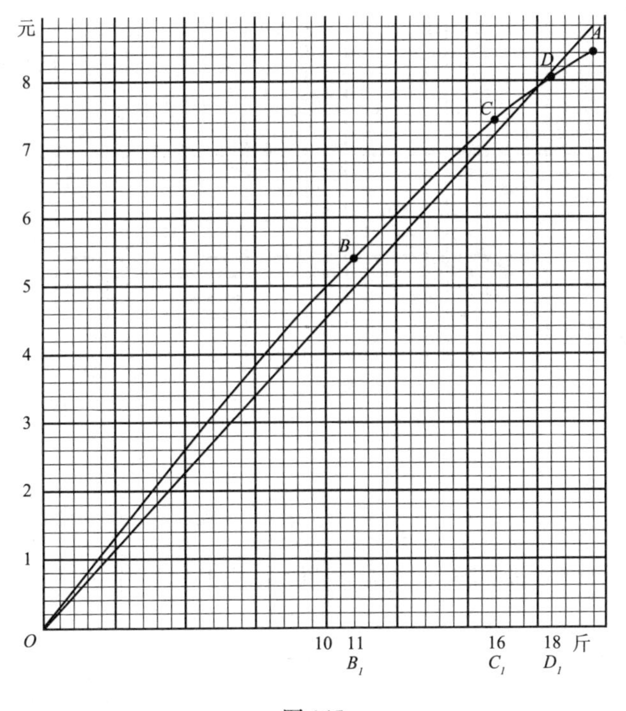

图 145

量中的第一栏．结果，三种酒，依次是 11 斤、5 斤、2 斤．

例八 将三种酒混合，其中两种的总价是 9 元，合占 1 斗 5 升．第三种酒每升价 3 角，混成的酒，每升价 4 角 5 分，求第三种酒的升数．

“这是弄点儿小聪明的题目，两种酒既然有了总价 9 元和总量 1 斗 5 升，这就等于一种了．”马先生说．

明白了这一点，还有什么难呢？

作 OA 表示每升价 4 角 5 分的．OB 表示 1 斗 5 升价 9 元的．从 B 作 BC，表示每升价 3 角的．它和 OA 交于 C. 图上，OB_1 指 1 斗 5 升，OC_1 指 3 斗．OC_1 减去 OB_1 剩 B_1C，指 1 斗 5 升，这就是所求的．

照这作法来计算，便是：

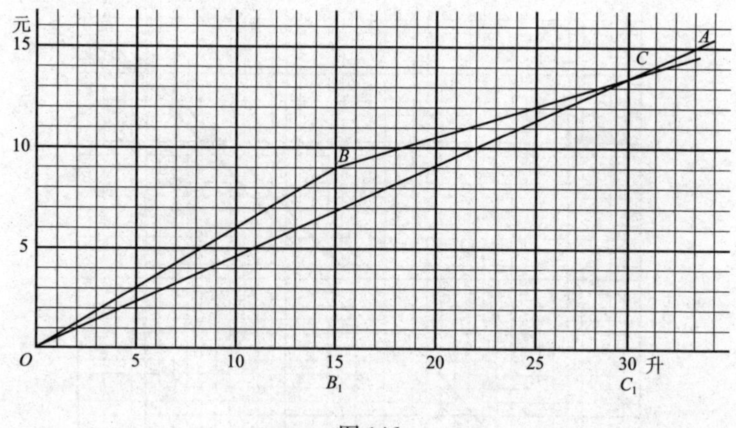

图 146

	原价	损益	混合比
平均价 4.5 角（OA）	$\frac{90}{15}$ 角（OB）	-1.5 角	15（OB_1）
	3 角（BC）	+1.5 角	15（B_1C_1）

这题算完以后，马先生在讲台上，对着我们静静地站了两分钟：

“李大成，你近来对算学的兴趣怎样？”

“觉得很浓厚.”我不由自主地恭敬地回答.

“这就好了，你可以相信，算学也是人人能领受的了.暑假已快完了，你们也应当把各种功课都整理一下.我们的谈话，就到这一次为止.我希望你们不要偏爱算学，也不要怕它.无论对于什么功课，都不要怕！你们不怕它，它就怕你们.对于做一个现代人不可缺少的常识，以及初中各科所教的，别人能学，自己也就能学，用不着客气.勇敢和决心，是打破一切困难的武器.求知识，要紧！精神的修养，更要紧！”

马先生的话停住了，静静地听他讲话的我们都睁着一双贪得无厌的馋眼望着他.